Lahanu Gabhale
Vishal Uttekar
Sayyad Pinjari

Produção de mudas de pimentão por enxertia

Lahanu Gabhale
Vishal Uttekar
Sayyad Pinjari

Produção de mudas de pimentão por enxertia

Enxertia de pimentão

ScienciaScripts

Imprint

Any brand names and product names mentioned in this book are subject to trademark, brand or patent protection and are trademarks or registered trademarks of their respective holders. The use of brand names, product names, common names, trade names, product descriptions etc. even without a particular marking in this work is in no way to be construed to mean that such names may be regarded as unrestricted in respect of trademark and brand protection legislation and could thus be used by anyone.

Cover image: www.ingimage.com

This book is a translation from the original published under ISBN 978-620-8-11641-5.

Publisher:
Sciencia Scripts
is a trademark of
Dodo Books Indian Ocean Ltd. and OmniScriptum S.R.L publishing group

120 High Road, East Finchley, London, N2 9ED, United Kingdom
Str. Armeneasca 28/1, office 1, Chisinau MD-2012, Republic of Moldova, Europe
Printed at: see last page
ISBN: 978-620-8-25005-8

ÍNDICE

CAPÍTULO I
INTRODUÇÃO

A malagueta *(Capsicum annuum L.)* pertence à família das solanáceas, tendo espécies diplóides com 2n=2x=24 cromossomas. A malagueta é originária da América do Sul e, no século XVII, foi introduzida na Índia pelos portugueses. Foram registadas trinta espécies selvagens e cinco espécies cultivadas, nomeadamente *Capsicum annum, C. baccatum, C. chinensis, C. frutescens* e *C. pubescens* do género *Capsicum* (Dewitt e Bosland, 1996). As duas principais espécies cultivadas são *Capsicum annuum* e *Capsicum frutescens.* A malagueta é uma planta anual herbácea ou semi-lenhosa cujos frutos variam em forma, tamanho, cor e grau de pungência.

A Índia é o maior produtor e consumidor de malagueta do mundo. A situação atual da produção de malagueta é apresentada no quadro 1. Os principais Estados produtores de malagueta na Índia são Madhya Pradesh (17,94%), Karnataka (14,55%), Andhra Pradesh (13,35%) e Bihar (11,87%).

Quadro 1: Superfície, produção e produtividade da malagueta

	Área (000 Ha)	Produção (000 MT)	Produtividade (MT/Ha)
Mundo	1500	7000	4.66
Índia	387.48	4118.52	10.63
Maharashtra	30.48	345.97	11.35

(Anónimo, 2019)

Em Maharashtra, os distritos de cultivo de malagueta são Dhule, Jalgaon, Pune, Satara, Nagpur, Kolhapur, Yavatmal, Aurangabad e

2

Sangli. A maior parte do cultivo de malagueta na região do Konkan é efectuada nos distritos de Thane e Palghar, existindo também uma área considerável nos distritos de Sindhudurg, Ratnagiri e Raigad, que é escavada.

A malagueta pode ser cultivada em regiões tropicais e subtropicais de clima quente e húmido com temperaturas entre 20 e 25 °C. Pode ser cultivada em todos os tipos de solos e apresenta melhor desempenho em solos argilosos bem drenados com precipitação moderada. A malagueta é mais sensível ao excesso de água, mas pode tolerar as condições de seca. Os frutos da malagueta são ricos em antioxidantes, vitamina C (111 mg/100 g) e pigmentos naturais. A capsaicina, que é um pigmento que confere pungência, reduz os radicais livres (Bhattachrya *et al.*, 2010) e tem diversas utilizações profilácticas e terapêuticas na medicina alopática e ayurvédica. A vitamina C é utilizada em várias indústrias alimentares e de bebidas. O consumo de malagueta vermelha picante é também um componente importante da dieta (Chopan e Littenberg, 2017).

A cultura da malagueta tem vários factores limitantes, como os abióticos, ou seja, o stress hídrico, as chuvas fortes, o acamamento devido ao fraco crescimento das raízes, a concentração de sal, as lesões provocadas pelo frio, as temperaturas elevadas e os bióticos, *ou seja,* as doenças nascidas no solo, os vírus, as pragas sugadoras e os nemátodos, etc. Além disso, existem desafios no que respeita aos custos de produção e às tendências de comercialização na Índia. Estes factores abióticos e bióticos prejudicam o crescimento e a produção da malagueta. Para aumentar a área e a produtividade da produção de malagueta, é essencial mitigar estes problemas com efeitos desejáveis. Para fazer face à maioria dos stresses bióticos e abióticos, a enxertia na malagueta pode ser a solução potencial.

A produção de mudas é uma etapa importante no sistema de produção de enxertos, pois influencia o resultado final da enxertia. O meio de envasamento é um fator importante que influencia a germinação das sementes, a emergência das plântulas, o crescimento das plântulas e a qualidade das plântulas num viveiro (Unal, 2013). A qualidade do meio de envasamento utilizado na produção de plântulas em tabuleiros é largamente influenciada pelas propriedades físicas, químicas e biológicas (Herrera *et al.*, 2008). O meio de envasamento não é apenas um meio onde as sementes são semeadas e as plântulas crescem, mas é também uma fonte e um reservatório de nutrientes para as plantas. Também alberga o sistema radicular e, por conseguinte, sustenta a planta. Um bom meio de envasamento deve consistir em misturas suficientemente tenras para que as sementes germinem facilmente, retenha a humidade, drene a água excessiva e forneça nutrientes vegetais suficientes para o crescimento e desenvolvimento das plântulas (Olaria *et al.*, 2016).

Os suportes de envasamento para utilização em viveiros de plantas ornamentais estão disponíveis em duas formas básicas: à base de solo e à base de matéria orgânica. Nos suportes à base de solo, o solo do campo é o principal componente e os suportes à base de matéria orgânica, *nomeadamente* casca de árvore, turfa, composto, coco, vermicompostagem, casca de arroz ou materiais inorgânicos, como perlite e vermiculite, favorecem o desenvolvimento das raízes das plântulas de produtos hortícolas. Os cultivadores de zonas tropicais criam frequentemente um meio de envasamento utilizando materiais disponíveis localmente.

Embora o meio de cultura forneça apoio e nutrientes para o crescimento das plântulas, muitas vezes o meio de cultura é o reservatório final de todos os microrganismos patogénicos que atacam as culturas (Baker 1967a.). Os microrganismos incluem tanto os benéficos como os prejudiciais, isto é, organismos causadores de doenças de plantas transmitidas pelo solo, como por exemplo *Pythium* spp. Para eliminar os agentes patogénicos transmitidos pelo solo e as ervas daninhas para obter um crescimento saudável das plântulas, é essencial esterilizar os meios de cultura sem solo. O método de esterilização a adotar depende da quantidade de meios e da disponibilidade do material utilizado para a esterilização. Para a produção de mudas e criação de união física por manipulação física, é necessário que as mudas de enxertos e porta-enxertos sejam de qualidade para facilitar e ter sucesso no enxerto. O sucesso da enxertia depende da rápida formação de ligações vasculares entre o porta-enxerto e o enxerto com renovação imediata do crescimento da raiz e da copa (*Pina* e *Errea,* 2005). As hormonas, especificamente as auxinas e as citocininas, desempenham um papel importante no estabelecimento precoce da união compatível do enxerto (Hartmann *et al.,* 1977). Isto pode ser conseguido através da produção de plântulas de qualidade para enxertos e porta-enxertos.

A sensibilização para os enxertos de culturas solanáceas está a aumentar entre os agricultores da região de Konkan, a fim de evitar as doenças do solo, os nemátodos, as pragas sugadoras e os vírus de vários produtos hortícolas. No entanto, a produção de enxertos de produtos hortícolas de qualidade e em quantidade requer um protocolo de produção de produtos hortícolas, nomeadamente meios adequados e plântulas normalizadas para enxertia, especialmente na região de Konkan. É necessário efetuar um estudo sistemático sobre o processo de produção de plântulas para enxertia de malagueta. Nesta perspetiva, foi realizado o presente estudo sobre **"Estudos sobre a produção de mudas de qualidade de enxertos e porta-enxertos de**

malagueta (*Capsicum annuum* L.)", que foi planeado e executado com o seguinte objetivo

1. Estudar o efeito de vários meios de envasamento no crescimento de plântulas de malagueta para enxertia.

2. Estudar o efeito de vários meios de envasamento no desenvolvimento de plântulas de malagueta para enxertia.

CAPÍTULO II
REVISÃO DA LITERATURA

Neste capítulo procurou-se fazer uma revisão da literatura sobre "Estudos sobre a produção de mudas de qualidade de enxertos e porta-enxertos de malagueta (*Capsicum annuum* L.) para enxertia".

2.1 Dias necessários para a germinação

Demir *et al.* (2010) notaram que 60 % de relva + 40 % de zeólito tem a maior taxa de germinação, com uma percentagem de 86,35 %, seguida de 80 % de relva + 20 % de perlite (83,85 %) e a menor em 100 % de relva (79,93 %) em pimenta.

Muhammad *et al.* (2016) mostraram que, no tomate, foram necessários dias mínimos (15,33) para a germinação de sementes em meios contendo turfa, composto e meios tradicionais de prática na proporção de 1:1:1, enquanto que o máximo de dias (23,67) em meios tradicionais de cultivo, *ou seja*, (solo, areia e FYM na proporção de 1:1:1).

Mathowa *et al.* (2017) registaram em plântulas de pimentão, a emergência de plântulas de hygromix e mistura de germinação foi significativamente maior do que cocopeat nos primeiros 15 dias, enquanto resultados não significativos foram observados de 16 a 20 DAS em todos os tratamentos.

Vivek e Duraisamy (2017) estudaram a percentagem de germinação de plântulas de tomate após 4 dias de sementeira em protray com diferentes meios de cultivo e notaram que a percentagem máxima de germinação foi encontrada (99%) com meios de medula de coco, enquanto que a percentagem mínima de germinação foi registada (87%) em vermicompostagem.

Radha *et al.* (2018) relataram que a germinação máxima de sementes de malagueta 30 DAS foi registada em 75 % de pó de coco cru + 25 % de casca de arroz (96,87 %) seguido de meios 90 % de pó de coco cru + 10 % de casca de arroz (95,83 %), 90 % de pó de coco cru + 10 % de pó de serra (94,27 %), 75 % de pó de coco cru + 25 % de pó de serra e casca de arroz (79,68 %), 90 % de pó de coco cru + 10 % de pó de serra e casca de arroz (78,12 %).

Bantis *et al.* (2019) registaram a germinação de sementes de melancia e abóbora após 72 e 48 horas, respetivamente, quando semeadas em tabuleiro de encaixe para enxertia em cocopeat.

Bhardwaj *et al.* (2019) relataram que, em brinjal, o melhor percentual de germinação de sementes foi observado em meios de cocopeat, seguido de vermicomposto e solo após 10 dias de semeadura.

2.2 Observações biométricas

2.2.1 Observações de rebentos de porta-enxertos e de plântulas de enxertos

Nas observações de rebentos, foram revistos a altura, o diâmetro na região do colo, o número de folhas funcionais e o parâmetro de propagação da planta.

Markovic *et al.* (1995) referiram que o número máximo de folhas (5,5) nas plântulas de pimentão foi registado no meio turfa + zeolplant (2:1) e o menor (3,6) no meio turfa.

Adediran (2005) estudou o crescimento de plântulas de tomate e alface em meios sem solo e a maior altura de plântulas (10,8 cm) foi registada em meios hygromix, enquanto que a menor altura de plântulas (4,35 cm) foi registada em meios de resíduos de couve, enquanto que os meios de estrume de vaca e de aves de capoeira registaram uma altura de plântulas de 8,25 cm e 8,35 cm, respetivamente.

Rivard e Louws (2006) opinaram que o método de enxertia de furo pode ser utilizado para enxertar tomate em beringela, melão ou pepino, de modo a que o diâmetro do enxerto seja inferior ao diâmetro do porta-enxerto utilizado para enxertar.

Palada e Wu (2008) observaram em pimentos doces que as plântulas com 1,6 - 1,8 mm de diâmetro do caule do enxerto e do porta-enxerto eram adequadas para a enxertia. No pimentão, para a enxertia na estação quente e húmida, as plântulas necessitam de 2-3 folhas verdadeiras.

Demir *et al.* (2010) registaram que os valores mais elevados de altura das plântulas em 50 % relva + 25 % zeólito + 25 % perlite (6,60 cm), seguidos de 80 % relva + 20 % perlite (6,11 cm), enquanto que a altura mais baixa das plântulas foi registada em 100 % perlite (2,55 cm) aos 35 dias após a sementeira do pimento. Os valores mais altos para o diâmetro do caule das mudas de pimentão foram registrados em 60% de grama + 40% de zeólita e 50% de grama + 25% de zeólita + 25% de perlita (0,22 mm), seguidos por 80% de grama + 20% de zeólita (0,21 mm) e 100% de grama (0,21 mm), no entanto, o menor diâmetro foi registrado em 100% de perlita (0,12 mm) aos 35 dias após a semeadura. O número máximo de folhas em mudas de pimentão foi registrado em 60 % de grama + 40 % de zeólita (6,53/planta), 50 % de grama + 25 % de zeólita + 25 % de perlita (6,35/planta), 80 % de grama + 20 % de zeólita (5,95/planta) e 100 % de grama (5,78/planta) e o menor em 100 % de perlita no estágio de transplante após 45 dias depois da germinação.

Khah (2011) relatou que as plântulas de beringela foram enxertadas à mão, aplicando o método de enxertia de emenda, quando o número de folhas reais desenvolvidas no enxerto e no porta-enxerto era de 2 e 2,5-3, respetivamente.

Rahimi *et al.* (2013) relataram que, no pimentão, a altura do transplante foi de 6,5 cm em solo de campo, musgo de turfa (9,1 cm), musgo de turfa + areia (8,5 cm), cocopeat (6,7 cm), cocopeat + areia (6,8 cm), solo de campo + areia (6,3 cm), cacapeat (5,2 cm), caca peat + areia (5,6 cm), areia (6,3 cm) na fase de transplante. O diâmetro das plântulas no transplante foi registado em solo de campo (1,4 mm), turfa (2,1 mm), turfa + areia (1,8 mm), cocopeat (1,5 mm), cocopeat + areia (1,6 mm), solo de campo + areia (1,4 mm), cocapeat (1,2 mm), cacapeat + areia (1,3 mm), areia (1,5 mm).

Unal *et al.* (2013) observaram a maior altura de plântula (8,78 cm) em turfa : estrume estável (2:2) enquanto a menor altura (1,50 cm) foi registada em turfa : zeólito (2:2) em plântulas de pimento. No tomate, a maior altura de plântula (16,50 cm) foi registada na turfa e a menor altura de plântula (5,30 cm) na turfa: estrume estável: perlite : Zeolite (2:1:1:5g/kg).

Kumar *et al.* (2015) observaram que a enxertia era efectuada quando as plântulas do porta-enxerto e do enxerto atingiam o estádio de 4-5 folhas e 4 folhas, respetivamente.

Muhammad *et al.* (2016) relataram que, no tomate, a maior altura de plântula (35 cm) foi registada em turfa, composto e meios de prática tradicionais em proporções de 1:1:1 e a menor (19 cm) em meios de cultivo tradicionais, ou seja, (solo, areia e FYM na proporção de 1:1:1).

Mathowa *et al.* (2017) mostraram que houve um efeito não significativo do meio de cultivo durante três semanas. O efeito significativo na altura das plântulas foi registado após 4 semanas de sementeira e as plântulas cultivadas em hygromix atingiram a altura máxima (130,27 mm) seguida da mistura de germinação (99,83 mm) e coccpeat (90 mm). O número de folhas registado foi de 4,29 e 4,32 no hygromix e na mistura de germinação, respetivamente, o que foi significativamente superior ao do cocopeat (3,35) às 4th semanas de sementeira do pimentão.

Vivek e Duraisamy (2017) notaram que as mudas de tomate produziram comprimento máximo de broto (89,3 mm) em medula de coco aos 30 DAS, enquanto o comprimento mínimo de broto (82,9 mm) foi registrado em vermicomposto aos 30 DAS. Em plântulas de tomate com 30 dias de idade, o maior diâmetro do caule foi registado em vermicomposto (1,77 mm) e o diâmetro mínimo do caule (1,08 mm) foi registado em medula de coco. Enquanto o maior número de folhas (4) foi registado na medula de coco e o mínimo de folhas foi encontrado no vermicomposto (2).

Ziest (2017) relatou que, a enxertia foi feita 24 dias após a emergência da muda do enxerto quando a muda tinha 3-4 folhas no tomate.

Razzak *et al.* (2018) relataram que a maior altura de mudas de tomate (30,9 cm), pimenta (24,5 cm), pepino (34 cm) e abóbora (40 cm) em turfa contendo 5 % de composto de resíduos de tomate, enquanto a altura de tomate (28,4 cm), pimenta (24,1 cm), pepino (29 cm) e abóbora (36 cm) em 100 % de turfa. O diâmetro máximo das plântulas de tomate (3,26 mm), pimenta (1,91 mm), pepino (3,53 mm) e abóbora (3,50 mm) foi registado em 5 % de composto de resíduos de tomate do que em 0 % de composto de resíduos de tomate em turfa. Registou-se um efeito não significativo do meio de cultura no número de folhas das plântulas de tomate, pimentão, pepino e abóbora e um máximo em 5 % de composto de resíduos de tomate.

Nirmal *et al.* (2019) relataram que a maior propagação de plantas de mudas de pimenta foi observada em túnel em forma de U coberto com 25 % de rede de sombra (21,77 cm), enquanto a menor propagação de plantas (12,37 cm) foi registada em túneis em forma de U cobertos com papel de polietileno de baixa densidade.

Nagma Surve (2019) registou que, em brinjal, a circunferência do porta-enxerto variou de 1,46 a 3,15 mm e o enxerto de 1,65 a 3,15 mm até aos 30 DAS em cocopeat: vermicomposto (3:1). O número de folhas no rebento variou de 4,67 a 9,53 e no porta-enxerto de 4,33 a 6,87 até 30 DAS em cocopeat + vermicomposto (3:1).

Rayker (2020) observou que, em brinjal, a circunferência do porta-enxerto estava na faixa de 1,02 mm a 1,43 mm e o enxerto de 1,11 mm a 1,21 mm 30 dias após a semeadura em cocopeat + vermicomposto (3:1). O número de folhas no porta-enxerto variou de 3,10 a 3,43 e no enxerto de 3,07 a 3,37 30 dias após a semeadura em cocopeat + vermicomposto (3:1).

2.2.2 Observações radiculares das plântulas de porta-enxertos e de enxertos

A observação das raízes, *nomeadamente* o comprimento da raiz axial e o número de raízes adventícias, foi analisada do seguinte modo

Rahimi *et al.* (2013) registou o número de raízes adventícias 15 em solo de campo, turfa (40,8), turfa + areia (28,8), cocopeat (15,2), cocopeat + areia (14), solo de campo + areia (11,8), cacapeat (10), caca peat + areia (12,2), areia (17) na fase de transplante em pimentão.

Unal *et al.* (2013) registaram o comprimento de raiz mais elevado (7,95 cm) em turfa: estrume estável (2:2) e mais baixo (1,40 cm) em turfa: zeólito (2:2) em plântulas de pimento, enquanto que em plântulas de tomate registaram o comprimento de raiz mais elevado (13,87 cm) em turfa: estrume estável: perlite (2:1:1) e mais baixo (3,30 cm) em turfa: estrume estável: perlite: zeólito (2:1:1:5g/kg).

Vivek e Duraisamy (2017) afirmaram que as plântulas de tomate cultivadas em diferentes meios registaram o maior comprimento de raiz (37,9 mm) em fibra de coco, enquanto o mínimo foi registado (34 mm) em vermicomposto 30 dias após a sementeira.

Razzak *et al.* (2018) registaram o comprimento máximo da raiz das plântulas em 5 % de composto de resíduos de tomate, ou seja, tomate (12,8 cm), pimento (10,53 cm), pepino (11,40 cm) e abóbora (14,1 cm), enquanto que em turfa o tomate (9,40 cm), o pimento (7,00 cm), o pepino (8,34 cm) e a abóbora (8,83 cm).

2.2.3 Peso fresco e peso seco das plântulas do porta-enxerto e do enxerto

Markovic *et al.* (1995) afirmaram que, no pimento e no tomate, o peso fresco máximo das plântulas de pimentão (2,5 gm) foi registado em meios de turfa + zeolanta (2:1), seguido de composto + zeolanta (2:1) (1,4 gm), composto (0,5 gm) e menor (0,4 gm) em turfa. A matéria seca máxima das plântulas de pimentão (16,5 %) foi registada na turfa + planta-zeol (2:1) e a mais baixa (11,8 %) no composto.

Atiyeh *et al.* (2000a) observaram que o peso seco mais elevado dos rebentos do tomateiro de estufa (*Lycopersicon esculentum*) foi observado no meio metro-mix 360 substituído com 40 % de vermicomposto em comparação com o metro-mix 360 sozinho (controlo) e MM360 substituído com outras concentrações de vermicomposto (0-100 %).

Dasgan e Abak (2003) referiram o aumento da biomassa das plantas com vermicomposto, cocopeat e meios de cultura à base de FYM e um maior espaçamento entre plantas no pimento.

Adediran (2005) referiu que o peso fresco mais elevado, 1,75 gm, foi registado no hygromix e o peso fresco mais baixo (1,20 gm) foi registado nos resíduos de couve, enquanto que no estrume de aves de capoeira (1,33 gm) e no estrume de vaca (1,20 gm) foram observados no tomate e na alface. O peso seco mais elevado (275,5 mg) foi registado no estrume de vaca e o mais baixo (190,5 mg) nos resíduos de couve, enquanto que no estrume de aves de capoeira (195,5 mg) e no estrume de porco (215,5 mg) foram observados.

Nadia *et al.* (2007) registaram que o peso fresco das plântulas era mais elevado (2,37 gm) em meios contendo palha de arroz + resíduos de banana + estrume de aves + composto de chá, enquanto que era mais baixo (1,96 gm) no controlo (turfa) em tomate. O peso seco das plântulas foi mais elevado (223,45 mg) nos meios que continham palha de arroz + resíduos de banana + estrume de aves de capoeira + composto de chá, enquanto que foi mais baixo (164,88 mg) no controlo de musgo de turfa aos 45 dias após a sementeira.

Demir *et al.* (2010) revelaram que, no pimentão, o maior peso fresco (0,906 gm) foi medido em 60 % de turfa + 40 % de perlita, 50 % de turfa + 25 % de zeólita + 25 % de perlita, 80 % de turfa + 20 % de zeólita e 100 % de turfa e o menor em 100 % de perlita (0,137 gm).

Rahimi *et al.* (2013) registaram o peso fresco de plântulas de 0,12 gm em solo de campo, 0,34 gm em turfa, 0,25 gm em turfa + areia, 0,12 gm em cocopeat, 0,17 gm em cocopeat + areia, 0,10 gm em solo de campo + areia, 0,07 gm em cacapeat, 0,39 gm em caca peat + areia e 0,14 gm em areia na fase de transplante em pimentão. O peso seco foi registado em solo de campo (0,02 gm), turfa (0,05 gm), turfa + areia (0,03 gm), cocopeat (0,02 gm), cocopeat + areia (0,02 gm), solo de campo + areia (0,01 gm), cacapeat (0,00 gm), caca peat + areia (0,00 gm.), areia (0,02 gm.) na fase de transplante em pimentão.

Kandemir (2013) observou que a maior razão de peso da folha e a maior razão de peso da raiz foram medidas 0,56 gm e 0,15 gm em mudas de pepino, respetivamente.

Mathowa *et al.* (2017) registaram que nas plântulas de pimentão doce, foi registado um peso fresco significativamente mais elevado no hygromix (0,63 gm) do que nas misturas de germinação (0,57 gm), enquanto o cocopeat não suporta qualquer crescimento de plântulas. O peso seco foi registado em 0,48 gm em hygromix e 0,46 gm em mistura de germinação às 4 semanas de sementeira.

Bantis *et al.* (2020) dividiram as mudas de enxerto de melancia e as mudas de porta-enxerto de abóbora em mudas de baixa, ótima e alta qualidade e registraram peso seco de 0,07, 0,08, 0,09 g e 0,017, 0,018, 0,019 g de mudas de enxerto de melancia e mudas de porta-enxerto de abóbora, respetivamente.

2.2.4 Observações sobre a taxa de crescimento

A taxa de crescimento absoluto e a taxa de crescimento relativo das plântulas do porta-enxerto e do enxerto foram analisadas do seguinte modo

Nirmal *et al.* (2019) relataram que a maior taxa de crescimento absoluto das plântulas de malagueta foi observada no túnel em forma de U coberto com 25 % de rede de sombra (1,955 cm.dia^{-1}), enquanto a menor taxa de crescimento absoluto (0,964 cm.dia[-1]) foi registada no túnel em forma de U sem coberturas (controlo). A taxa de crescimento relativo mais elevada das plântulas de malagueta foi registada no túnel em forma de U coberto com 25 % de rede de sombra (0,041 cm. cm-1dia[-1]), enquanto a mais baixa foi registada no tratamento em túnel em forma de U coberto com sacos de artilharia (0,021 cm cm[-1] dia[-1]).

2.2.5 Número de dias necessários para que as plântulas do porta-enxerto e do enxerto atinjam o estádio de enxertável

Palada e Wu (2008) registaram que, em pimentos doces para produção na estação quente e húmida, as plântulas necessitavam de 35 a 40 dias para a enxertia.

Lee *et al.* (2010) referiram que, no caso do tomate e da beringela, a enxertia é efectuada, sendo as sementes do porta-enxerto semeadas 5-10 dias antes da sementeira das sementes do enxerto e a enxertia é efectuada 20-25 dias após a sementeira das sementes do enxerto.

Johnson *et al.* (2011) referiram que, nas sementes de brinjal e tomate, tanto o enxerto como o porta-enxerto estão prontos para a enxertia em 14-21 dias.

Eltayb *et al.* (2013) relataram que a enxertia de emenda foi efectuada quando as plântulas de tomate, brinjal e capsicum atingiram 3 semanas de idade.

Nagma Surve (2019) observou que a taxa de sobrevivência do enxerto aos 30 DAG foi maior (75,33 %) quando o enxerto de 25 dias de idade foi enxertado em porta-enxertos de 25 dias de idade e menor (70,33 %) quando o enxerto de 30 dias de idade foi enxertado em porta-enxertos de 20 dias de idade e o enxerto de 20 dias de idade foi enxertado em porta-enxertos de 30 dias de idade.

Bantis *et al.* (2020) referiram que o número de dias necessários para a enxertia após a sementeira de plântulas de rebentos de melancia e de plântulas de porta-enxertos de abóbora foi de 12, 13, 14 e 11, 12, 13, respetivamente, tendo sido classificadas como plântulas de baixa, óptima e alta qualidade para enxertia, em conformidade com as plântulas de baixa, óptima e alta qualidade para enxertia.

Rayker (2020) revelou que a percentagem máxima de sobrevivência de enxertos de brinjal no transplante (82,25 %) foi registada no tratamento com 25 dias de enxerto de Manjiri enxertado em 25 dias de porta-enxerto de Konkan prabha, enquanto que a percentagem mínima (63,50 %) foi registada quando 25 dias de enxerto de Bandhtiware local foi enxertado em 60 dias de porta-enxerto de *Solanum torvum.*

2.2.6 Percentagem de plântulas enxertáveis dos porta-enxertos e das plântulas de descendência (%)

Radha *et al.* (2018) relataram que a taxa de sobrevivência da pimenta aos 30 dias após a semeadura foi maior em 90 % de pó de coco cru + 10 % de pó de serra (90,50 %), seguido por 90 % de pó de coco cru + 10 % de casca de arroz (92 %), 75 % de pó de coco cru + 25 % de casca de arroz (93 %), 90 % de pó de coco cru + 10 % de pó de serra e casca de arroz (75 %), 75 % de pó de coco cru + 25 % de pó de serra e casca de arroz (76,50 %).

2.3. Análise dos meios de comunicação social

Na análise dos meios de comunicação, foram revistos diferentes parâmetros, *nomeadamente* pH, CE, azoto total, fósforo total, potássio total e teor de carbono orgânico, da seguinte forma

Miller e Jones (1995) referiram que o pH da turfa varia entre 3,5-4.

Atiyeh *et al.* (2000) observaram que o pH mais baixo (5,9) foi registado na mistura de metro 360, seguido do vermicomposto (4,80) e dos resíduos de quintal (8,1). Foi registada uma CE mais elevada (4,80 mmhos/cm) nos sólidos de suínos do vermicomposto e uma CE mais baixa (0,34 mmhos/cm) nos resíduos de casca de árvore. O azoto total mais elevado (4,63 %) foi registado no estrume de galinha, seguido de (2,36 %) nos sólidos de suínos do vermicomposto e mais baixo (0,81 %) nos resíduos de casca de árvore. O fósforo total mais elevado (4,5 %) foi registado nos sólidos de suínos do vermicomposto, enquanto que o mais baixo (0,2 %) foi registado nos resíduos de cascas e de folhas. O potássio total mais elevado (3,3 %) foi registado no estrume de galinha, enquanto que o mais baixo (0,3 %) foi registado nos resíduos de casca de árvore e nos sólidos de suínos do vermicomposto (0,4 %). Carbono orgânico mais elevado (70,3 %) nos resíduos de casca de árvore, enquanto que é mais baixo (31,78 %) no metro-mix 360 e (43,8 %) nos sólidos de suínos do vermicomposto.

Agro e Fisher (2002) observaram que se o pH do substrato for demasiado extremo (demasiado baixo ou demasiado alto) as raízes das plântulas podem ser danificadas, deixando-as susceptíveis a doenças das plantas.

Adediran (2005) estudou o crescimento de plântulas de tomate e alface em meios sem solo. Foi registado o pH dos resíduos de couve (7,8), estrume de porco (7,6), estrume de aves (7,5), estrume de vaca (7,4) e hygromix (5,6). A CE foi registada em estrume de aves de capoeira (8,7 mS.m^{-1}), estrume de vaca (8,9 mS.m^{-1}), estrume de porco (9,8 mS.m^{-1}), resíduos de couve (9,2 mS.m^{-1}) e higromix (1,8 mS.m^{-1}). O azoto total foi registado no estrume de aves de capoeira (28,5 gm/kg), no estrume de vaca (24,55 gm/kg), no estrume de porco (21,45 gm/kg), nos resíduos de couve (23,85 gm/kg) e no hygromix (9,25 gm/kg). O fósforo foi registado em meios sem solo de estrume de aves de capoeira (39,2 gm/kg), estrume de vaca (22,2 gm/kg), estrume de porco (46,8 gm/kg), resíduos de couve (24,6 gm/kg) e mistura de ervas daninhas (8,8 gm/kg).

Demir *et al.* (2010) registaram que a percentagem de azoto nos diferentes meios de cultura utilizados foi de 2,10 % na relva 100 %, 80 % relva + 20 % zeólito (1,79 %), 80 % relva + 20 % perlite (1.93 %), 60 % relva + 40 % zeólito (1,79 %), 60 % relva + 40 % perlite (1,85 %), 50 % relva + 25 % zeólito + 25 % perlite (1,76 %), 100 % zeólito (2,32 %) e 100 % perlite (2,04 %) no pimento. A percentagem de fósforo nos diferentes meios de cultura foi de 0,45 % na relva 100 %, 80 % de relva + 20 % de zeólito (0,38 %), 80 % de relva + 20 % de perlite (0,48 %), 60 % de relva + 40 % de zeólito (0.35 %), 60 % relva + 40 % perlite (0,46 %), 50 % relva + 25 % zeólito + 25 % perlite (0,30 %), 100 % zeólito (0,18 %) e 100 % perlite (0,22 %) no pimento. A percentagem de potássio em diferentes meios de cultivo foi registada em 5,39 % na relva 100 %, 80 % relva + 20 % zeólito (4,94 %), 80 % relva + 20 % perlite (4,83 %), 60 % relva + 40 % zeólito (5.25 %), 60 % de turfa + 40 % de perlite (4,38 %), 50 % de turfa + 25 % de zeólito + 25 % de perlite (44,06 %), 100 % de zeólito (4,54 %) e 100 % de perlite (2,42 %) em pimenta.

Unal *et al.* (2013) registaram que o valor do pH de diferentes meios de cultivo para as plântulas de pimento era de 6,4 na turfa: estrume estável: perlite: zeólito (1:1:1:1), 6.8 na turfa: estrume estável: perlite: zeolite (2:1:1: 5g/kg), 6,9 na turfa: estrume estável: zeolite (2:1:1), 6,7 na turfa: estrume estável: perlite (2:1:1), 6,75 na turfa: estrume estável: Nit. Fos. Potas. (2:2:15kg/dia), 6,85 em turfa: estrume estável (2:2), 6,99 em turfa: zeólito (2:2) e 6,6 em turfa (4). O valor de

CE dos diferentes meios de cultivo registado para as plântulas de pimento foi de 1700 µS/cm em turfa: estrume estável: perlite: zeolite (1:1:1:1), turfa: estrume estável: perlite : zeolite (2:1:1: 5g/kg) (1350 µS/cm), turfa : estrume estável : zeolite (2:1:1) (700 µS/cm), turfa : estrume estável : perlite (2:1:1) (750 µS/cm), turfa : estrume estável: Nit.Phos.Potas. (2:2:15kg/dia) (650 µS/cm), turfa : estrume estável (2:2) (720 µS/cm), turfa:Zeolite (2:2) (500 µS/cm) e turfa (4) (1750 µS/cm).

Manho e Wang (2014) descobriram que a CE mais alta e mais baixa, 4,62 dS.m-¹ e 1,83 dS.m-¹ foram registadas em meios medidos para 2/3 vermicomposto + 1/3 cinza de casca de arroz e 1/3 vermicomposto + 2/3 casca de coco em muskmelon.

Muhammad *et al.* (2016) observaram que o teor total de nitrogênio em diferentes meios, *como* solo, areia e FYM na proporção 1:1:1, era de 0,76%, turfa (0,54%), composto (0,47%), turfa e composto em 1:1 (0,44%), turfa e composto em 1:1/2 (0,54%), turfa e composto em ½:1 (0.36 %), turfa e solo, areia e FYM(1:1:1) em 1:1 (0,19 %), turfa e solo, areia e FYM(1:1:1) em 1:1/2 (0,25 %), turfa e solo, areia e FYM(1:1:1) em ½:1 (0,41 %), turfa e composto, solo e areia e FYM em 1:1:1 (0,22 %) no tomate. O teor total de fósforo nos diferentes meios registados foi de 1,46 % no solo, areia e FYM na relação 1:1:1, turfa (2,41 %), composto (2,37 %), turfa e composto em 1:1(2,17 %), turfa e composto em 1:1/2 (1,58 %), turfa e composto em ½:1(1.52 %), turfa e solo, areia e FYM(1:1:1) em 1:1 (1,46 %), turfa e solo, areia e FYM(1:1:1) em 1:1/2 (1,68 %), turfa e solo, areia e FYM(1:1:1) em ½:1 (1,42 %), turfa, composto e solo, areia e FYM em 1:1:1 (1,76 %) no tomate. O conteúdo total de potássio em diferentes meios foi relatado *viz.* Solo, areia e FYM na proporção 1:1:1 (0,09 %), turfa (0,14 %), composto (0,15 %), turfa e composto em 1:1 (0,15 %), turfa e composto em 1:1/2 (0,09 %), turfa e composto em ½:1 (0.09 %), turfa e solo, areia e FYM(1:1:1) em 1:1 (0.09 %), turfa e solo, areia e FYM(1:1:1) em 1:1/2 (0.09 %), turfa e solo, areia e FYM(1:1:1) em ½:1 (0.09 %), turfa , composto e solo, areia e FYM em 1:1:1 (0.09 %) em tomate. O teor de carbono orgânico em diferentes meios registados foi de 57,90 % no solo, areia e FYM na proporção 1:1:1, turfa (57,23 %), composto (57,34 %), turfa e composto em 1:1 (57,50 %), turfa e composto em 1:1/2 (57,37 %), turfa e composto em ½:1 (57.30 %), turfa e solo, areia e FYM(1:1:1) em 1:1 (57,16 %), turfa e solo, areia e FYM(1:1:1) em 1:1/2 (57,14 %), turfa e solo, areia e FYM(1:1:1) em ½:1 (57,25 %), turfa , composto e solo, areia e FYM em 1:1:1 (57,01 %) em tomate.

Harris (2017) registou que o pH da fibra de coco era de 4,9-6,8, da fibra de madeira (3,8-6,6), do musgo esfagno (3-4) e da casca envelhecida (3-6). A CE foi de 0,48, 1,20, 0,60 e 0,40 mS-cm⁻¹ para turfa de fornecedor, turfa: coco, turfa: fibra de madeira e turfa: misturas PTS, respetivamente.

Radha *et al.* (2018) indicaram que o teor de azoto em 90 % de pó de coco bruto + 10 % de serradura era de 1,24 %, 75 % de pó de coco bruto + 25 % de serradura (0,90 %), 50 % de pó de coco bruto + 50 % de serradura (0,69 %), 90 % de pó de coco bruto + 10 % de casca de arroz (0.84 %), 75 % de pó de coco em bruto + 25 % de casca de arroz (0,96 %), 50 % de pó de coco em bruto + 50 % de casca de arroz (1,05 %), 90 % de pó de coco em bruto + 10 % de serradura e casca de arroz (0,90 %), 75 % de pó de coco em bruto + 25 % de serradura e casca de arroz (0,80 %) e 50 % de pó de coco em bruto + 50 % de serradura e casca de arroz (0,79 %). O teor de carbono orgânico foi registado em 50,4 % em 90 % de pó de coco bruto + 10 % de serradura, 75 % de pó de coco bruto + 25 % de serradura (48,9 %), 50 % de pó de coco bruto + 50 % de serradura (43,2 %), 90 % de pó de coco bruto +

10 % de casca de arroz (35.2 %), 75 % de pó de cairo em bruto + 25 % de casca de arroz (36,8 %), 50 % de pó de cairo em bruto + 50 % de casca de arroz (39 %), 90 % de pó de cairo em bruto + 10 % de serradura e casca de arroz (36,2 %), 75 % de pó de cairo em bruto + 25 % de serradura e casca de arroz (34,1 %) e 50 % de pó de cairo em bruto + 50 % de serradura e casca de arroz (35,6 %).

Handayani (2019) relatou que o carvão de casca de arroz tem um PH neutro (6-7), alta capacidade de retenção de água, boa porosidade, boa drenagem e conteúdo de nutrientes.

2.4 Incidência de Pragas e Doenças

Gohler e Molitor (2002) relataram que, há menor infeção de *Fusarium oxysporum f.* sp. *dianthi* a pH 7,5 do que a 5,5. Os pepinos são mais rapidamente infestados por *Pythium* sp. a pH 5 do que a um valor de pH mais elevado de 6.

Borrero *et al.* (2004) observaram que, há 91 % de variação no ataque da murcha de fusarium no tomateiro com meios de pH 6,26 a 7,97 e alta beta-glucosidase.

Nelson (2012) observou que a formalina é um produto químico amplamente utilizado para a desinfeção do solo e do composto. É normalmente diluída com água 1:50-100, a uma taxa de 10 litros/m^2 para o controlo de bactérias e fungos.

CAPÍTULO III

MATERIAL E MÉTODOS

A presente investigação intitulada "Estudos sobre a produção de mudas de qualidade de enxertos e porta-enxertos de malagueta (*Capsicum annuum* L.)" foi efectuada na Unidade de Alta Tecnologia, Faculdade de Horticultura, Dapoli, Distrito de Ratnagiri (M.S.). O trabalho analítico foi efectuado no laboratório de investigação do Departamento de Ciências Vegetais.

O material experimental utilizado e a metodologia adoptada na realização do programa de investigação são apresentados neste capítulo.

3.1 Local experimental

3.1.1 Localização

A experiência de campo foi realizada na unidade de viveiro de alta tecnologia, Faculdade de Horticultura de Dapoli, distrito de Ratnagiri, durante a época *rabi-verão* de 2020-21.

3.1.2 Geografia e condições climáticas

A quinta de horticultura da Faculdade de Horticultura de Dapoli está situada na região tropical a 17° 45' 0" de latitude norte e 73° 12' 0" de longitude leste, com uma altitude de 240 m acima do nível médio do mar. O clima é tropical, caracterizado por uma atmosfera quente e húmida. A precipitação média anual é de cerca de 3000 mm, distribuída principalmente durante a monção do sudoeste, de junho a setembro.

As observações meteorológicas pertinentes foram registadas no observatório meteorológico do departamento, faculdade de agricultura, Dapoli e constam do apêndice II.

3.2 Metodologia

3.2.1 Tabuleiros profissionais

São utilizados tabuleiros Pro de 102 células com dimensões de 2 polegadas X 1,5 polegadas e 32 cm X 18 cm de comprimento e largura, respetivamente.

3.2.2 Meios de envasamento

Media	Quantidade utilizada
Tijolos de cocopeat (5 kg cada)	6
Vermicomposto	10 kg
Casca de arroz	5 kg
Pó de serra	5 kg

3.2.3 Esterilização de meios de envasamento

A esterilização dos meios de cultura foi efectuada pelo método de fumigação com uma solução de formalina a 4% preparada a partir de formaldeído 37-41 % W/V da seguinte forma

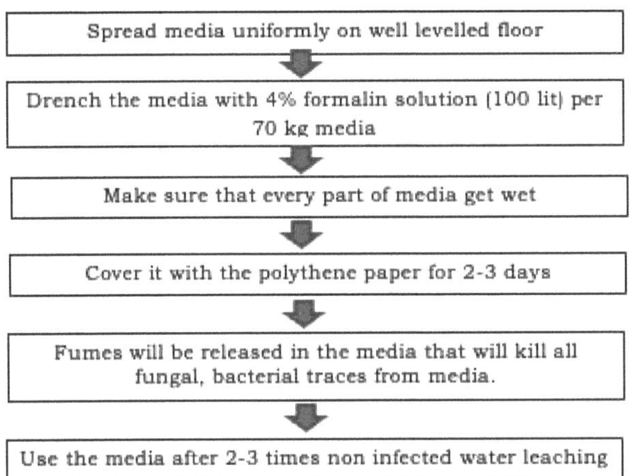

(Ao utilizar formalina, cobrir os olhos e a cara e usar luvas durante o tratamento, uma vez que é cancerígena)

3.2.4 Origem do material

Os meios experimentais, ossuportes, o material de semente, o clipe de enxertia e a câmara de cicatrização para o presente estudo foram obtidos no Department of Vegetable Science, College of Horticulture, Dapoli, Dist. Ratnagiri (M. S.)

3.3 Pormenores experimentais

| 1. | Cultura | : | Malagueta |
| 2. | Variedades | : | Scion- Orgulho (HyVeg) |

			: Porta-enxerto - Pusa Jwala
3.	Conceção	:	Conceção de parcelas divididas
4.	N.º de combinações de tratamento	:	8
5.	N.º de réplicas	:	3
6.	Tamanho do retrato	:	102 células
7.	N.º de retratos/tratamento/replicação do enxerto e do porta-enxerto	:	2 cada
8.	Número total de retratos	:	96 (48 de cada enxerto e porta-enxerto)

3.3.1. Detalhes do tratamento

a) Esterilização dos meios de cultura em vaso (parcela principal)

S_0 - Meios não esterilizados

S_1 - Meios esterilizados

b) Meios de envasamento (Subparcela)

M_1 - Cocopeat (100%)

M_2 - Cocopeat (75%) + Vermicomposto (25%)

M_3 - Casca de coco (75%) + Casca de arroz (25%)

M_4 - Cocopeat (75%) + Pó de serra (25%)

c) Combinações de tratamento-

T_1	$S\ M_{01}$
T_2	$S\ M_{02}$
T_3	$S\ M_{03}$
T_4	$S\ M_{04}$
T_5	$S\ M_{11}$
T_6	$S\ M_{12}$
T_7	$S\ M_{13}$
T_8	$S\ M_{14}$

3.3.2 Ação cultural

3.3.2.1 Preparação da plataforma elevada

Foi preparada uma cama elevada com 3 pés de largura e, em seguida, foi espalhado um tapete preto de ervas daninhas ao longo da cama elevada para controlar as ervas daninhas e foram colocados os retratos.

3.3.2.2 Disposição do local da experiência

A experiência foi desenhada num esquema de parcelas divididas com três repetições e oito tratamentos, de acordo com os pormenores do tratamento. O esquema da experiência 1 é apresentado na Fig. 1.

3.3.2.3 Preparação do meio de envasamento

Os tijolos de cocopeat foram mantidos de um dia para o outro de molho em água antes da preparação dos meios de cultura, misturando uma quantidade adequada de outros meios de cultura, de acordo com os pormenores das combinações de tratamento.

3.3.2.4 Material de sementeira

A Pusa Jwala foi utilizada como porta-enxerto e as plântulas de pusa jwalas foram preparadas aqui como Pride (h_1 hybrid by HyVeg) foram selecionadas como enxerto e, consequentemente, foi preparado o número necessário de plântulas.

3.3.2.5 Preenchimento de retratos

As meias células dos retratos foram preenchidas com meios preparados de acordo com os pormenores do tratamento.

3.3.2.6 Semeadura

Uma semente de enxerto e de porta-enxerto, conforme o caso, foi semeada em buracos feitos em retratos e coberta com meios. Os retratos foram colocados em armazém uns sobre os outros e depois cobertos com papel de polietileno e tapete preto de ervas daninhas durante 4-5 dias. A sementeira das sementes do porta-enxerto foi efectuada 5-6 dias antes das sementes do enxerto para garantir o mesmo diâmetro no momento da enxertia.

3.3.2.7 Irrigação

Após a sementeira, a rega imediata foi efectuada com um regador e, após a germinação das sementes, a rega foi efectuada em dias alternados.

3.3.2.8 Aplicação de adubos solúveis em água

Depois de cinco dias de germinação, a aplicação de diferentes graus de fertilizantes solúveis em água, como 19:19:19, 13:00:45 e 00:52:34, em dias alternados, foi feita uma a uma até atingir o estágio de enxerto das mudas.

3.3.2.9 Medidas de proteção das plantas

Como medidas preventivas, foi feita a irrigação com Dithane M-45 @ 2,5 g/litro para controlar doenças fúngicas. A pulverização com

Lamda cyhalothrin @ 1 ml/litro ou Imidaclopride @ 3ml/10 litro foi feita para controlar a incidência de pragas de acordo com a necessidade.

3.3.1.3 Observação registada

3.3.1.3.1 Dias necessários para a germinação do enxerto e do porta-enxerto

Os dias necessários para a germinação foram contados a partir da data de sementeira em cada tratamento.

3.3.1.3.2 Observações biométricas

Dez plântulas foram selecionadas aleatoriamente e marcadas em cada tratamento em três repetições de enxerto e porta-enxerto para registar as observações periódicas com um intervalo de 7 dias durante a experimentação.

3.3.1.3.2.1 Altura da plântula (cm)

Foi medida a partir do nível do protótipo até à ponta de crescimento do caule principal com a ajuda de uma escala de metros. A altura média das plântulas foi calculada e expressa em centímetros.

3.3.1.3.2.2 Diâmetro na região do colarinho (mm)

O diâmetro na região do colarinho (mm) foi medido com a ajuda de um compasso de Vernier digital e, em seguida, foram calculados os valores médios.

3.3.1.3.2.3 Número de folhas funcionais

Contou-se o número total de folhas funcionais de dez plântulas selecionadas ao acaso e registou-se o número médio de folhas por planta.

3.3.1.3.2.4 Espalhamento das plantas (cm)

O crescimento máximo da planta em duas direcções (Norte-Sul e Este-Oeste) foi medido em centímetros e a média foi calculada.

3.3.1.3.2.5 Comprimento da raiz axial (cm)

O comprimento da raiz axial foi medido em cinco plântulas selecionadas ao acaso, desde a base do colo até à ponta da raiz primária, e a média foi expressa em centímetros (cm).

3.3.1.3.2.6 Número de raízes adventícias

O número de raízes adventícias por plântula foi contado a partir de cinco plântulas selecionadas aleatoriamente, depois de se ter retirado cuidadosamente a plântula da célula, e a média foi calculada.

3.3.1.3.2.7 Peso fresco da plântula (mg)

Para estimar o peso fresco e seco dos rebentos e das raízes, foram selecionadas aleatoriamente cinco plântulas de cada tratamento. As plântulas foram lavadas e, em seguida, os rebentos e as raízes de cada plântula foram separados e o peso fresco foi medido.

3.3.1.3.2.8 Peso seco das plântulas (mg)

Depois de medido o peso fresco, os rebentos e as raízes foram armazenados num saco de papel castanho, devidamente etiquetado e mantido na estufa a 65 ± 5°C. As amostras de plantas foram secas na estufa até se obter um peso constante.

3.3.1.3.2.9 Taxa de crescimento absoluto (TCA) das plântulas (cm/dia)

A taxa de crescimento absoluto (AGR) das plântulas foi calculada de acordo com a fórmula dada por Radford, (1967) e é a seguinte

$$AGR = \frac{(H_2 - H)_1}{(t_2 - t)_1}$$

Onde, H_2 e H_1 representam a altura por plântula e $t_2 - t_1$ é o intervalo de tempo, respetivamente.

3.3.1.3.2.10 Porta de crescimento relativo (RGR) da plântula (cm/cm/dia)

A taxa de crescimento relativo (RGR) das plântulas foi calculada de acordo com a fórmula dada por Briggs *et al.* (1920), que é a seguinte

$$RGR = \frac{(\log_e H_2 - \log_e H)_1}{(D_2 - D)_1}$$

Onde, H_2 e H_1 representam a altura por plântula em D_2 e D_1 dias e $D - D_{21}$ representam o intervalo de dias, respetivamente.

3.3.1.3.2.11 Número de dias necessários para a fase enxertável

O número de dias necessários para a plântula atingir o estágio enxertável (perímetro da plântula $\geq 1,5$ mm) foi contado a partir da data de semeadura e a média foi calculada para cada tratamento.

3.3.1.3.2.12 Percentagem de plântulas enxertáveis (%)

Entre o total de plântulas, as que têm perímetro superior a 1,5 mm são consideradas plântulas enxertáveis. A percentagem de plântulas enxertáveis foi calculada pelo número de plântulas enxertáveis a partir do número total de plântulas e a média foi calculada para cada combinação de tratamento.

3.3.1.3.3 Análise dos meios de comunicação social

3.3.1.3.3.1 pH

A atividade do ião hidrogénio expressa em pH foi medida num medidor de pH digital utilizando uma suspensão (meio: água) (Jackson, 1973).

3.3.1.3.3.2. Condutividade eléctrica

O sobrenadante claro obtido da suspensão utilizada para o pH foi utilizado para a medição da CE utilizando um medidor de condutividade digital (Jackson, 1973).

3.3.1.3.3.3. Azoto total (%)

O teor de azoto no meio foi calculado pelo método Kjeldahl utilizando o equipamento Pelican kelplus e expresso em percentagem (AOAC, 1990).

$$\text{Nitrogen (\%)} = \frac{(\text{Titrate value-Blank reading}) \times N. \text{ of } H_2SO_4 \times 0.14}{\text{Wt. of sample taken}} \times 100$$

3.3.1.3.3.4 Fósforo total (%)

O teor de fósforo nos meios foi determinado por método colorimétrico (cor amarela de vanadomolibdo fosfórico em sistema de ácido nítrico) e expresso em percentagem (Jackson, 1973).

3.3.1.3.3.5 Potássio total (%)

O teor de potássio no meio foi calculado com a ajuda de um fotómetro de chama e o resultado foi expresso em percentagem (Ranganna, 1986).

3.3.1.3.3.6 Carbono orgânico (%)

O teor de carbono orgânico no meio foi calculado através da preparação de cinzas em mufla a uma temperatura constante de 550°-600° C. O carbono orgânico1 foi calculado multiplicando a percentagem de perda na ignição por 0,58 (Piper, 2010).

3.3.1.3.4 Incidência de pragas e doenças

A incidência de diferentes pragas e doenças foi registada desde a sementeira até à fase de enxertia.

3.4 Análise estatística

Os dados obtidos no presente estudo foram analisados de acordo com o método sugerido por Panse e Sukhatme (1995). A diferença crítica ao nível de 5 por cento de probabilidade foi usada para comparar os tratamentos.

CAPÍTULO IV

RESULTADOS E DISCUSSÃO

Uma experiência intitulada "Estudos sobre a produção de mudas de qualidade de enxertos e porta-enxertos de malagueta (*Capsicum annuum* L.)" foi realizada na Unidade Hi-tech, Faculdade de Horticultura, Dapoli.

4.1 Efeito da esterilização de diferentes meios de envasamento e da sua interação nos dias necessários para a germinação do porta-enxerto e do enxerto

O número de dias necessários para a germinação do porta-enxerto e do enxerto determina os dias necessários para atingir a fase enxertável. O intervalo do número de dias necessários para a germinação do porta-enxerto foi de 8,00 a 9,67, enquanto o enxerto registou 7,00 a 8,33.

Efeito da esterilização (S)

Os dados relativos ao número de dias necessários para a germinação do enxerto e do porta-enxerto em vários tratamentos são apresentados no Quadro 2 e ilustrados na Fig. 3(a). Os dados mostram que houve um efeito significativo da esterilização nos dias necessários para a germinação.

Os dias mínimos necessários para a germinação do porta-enxerto e do rebento no tratamento S_1 - Meio de envasamento esterilizado foram 8,50 e 7,42, respetivamente. Enquanto os dias máximos necessários para a germinação foram 9,08 e 7,67 no tratamento S_0 - Meio de envasamento não esterilizado para o porta-enxerto e o rebento, respetivamente.

Efeito do meio de envasamento (M)

34

O efeito do meio de envasamento no número de dias necessários para a germinação do porta-enxerto e do enxerto é mostrado no Quadro 2 e ilustrado na Fig. 3(b) e notou-se uma diferença significativa no número de dias necessários para a germinação das sementes.

No caso do porta-enxerto, foi necessário um número menor de dias (8,00) no tratamento M_2 - Cocopeat @ 75 % + Vermicomposto @ 25 %, que foi igual ao tratamento M_1 - Cocopeat @ 100 % (8,67), enquanto que foi necessário um número maior de dias para a germinação no tratamento M_4 - Cocopeat @ 75 % + Pó de serra @ 25 % (9,33).

No caso do rebento, foram necessários dias mínimos (7,00) para a germinação de sementes no tratamento M_2 - Cocopeat @ 75 % + Vermicomposto @ 25 %, que foram iguais ao tratamento M_4 - Cocopeat @ 75 % + Pó de serra @ 25 % (7,33) e M_1 - Cocopeat @ 100 % (7,67), enquanto que foram necessários dias máximos para a germinação no tratamento M_3 - Cocopeat @ 75 % + Casca de arroz @ 25 % (8,17).

Efeito da interação (S x M)

Os dados apresentados no Quadro 2 e ilustrados na Fig. 3(c) mostraram que o efeito não significativo da interação nos dias necessários para a germinação de sementes tanto do porta-enxerto como do enxerto.

O menor número de dias (8.00) necessários para a germinação de sementes do porta-enxerto foi registado na combinação de tratamentos S M $S_{02,\ 12}$ Me S M_{11} enquanto que, o maior número de dias para a germinação de sementes (9.67) foi registado na combinação de tratamentos S M_{04} . No enxerto, a germinação precoce das sementes (7,00) foi observada na combinação de tratamento S M_{02} e S M_{12} , enquanto que foi tardia na combinação de tratamento S M_{03} (8,33) .

Quadro 2: Efeito da esterilização e de diferentes meios de envasamento nos dias necessários para a germinação do porta-enxerto e do enxerto

Tratamento	Dias necessários para a germinação									
	Porta-enxerto					Scion				
	M_1	M_2	M_3	M_4	Média	M_1	M_2	M_3	M_4	Média
S_0	9.33	8.00	9.33	9.67	**9.08**	8.00	7.00	8.33	7.33	**7.67**
S_1	8.00	8.00	9.00	9.00	**8.50**	7.33	7.00	8.00	7.33	**7.42**
Média	**8.67**	**8.00**	**9.17**	**9.33**	8.79	**7.67**	**7.00**	**8.17**	7.33	7.54
	RES	SEm±		CD a 5 %		RES	SEm±		CD a 5 %	
S	SIG	**0.06**		**0.36**		SIG	**0.02**		**0.12**	
M	SIG	**0.29**		**0.90**		SIG	**0.27**		**0.82**	
S X M	NS	**0.41**		-		NS	**0.38**		-	

Esterilização de meios de envasamento	Meios de envasamento

37

S_0 - Meios não esterilizados S_1 - Meios esterilizados	M_1 - Cocopeat (100 %) M_2 - Cocopeat (75 %) + Vermicomposto (25 %) M_3 - Casca de coco (75 %) + Casca de arroz (25 %) M_4 - Casca de coco (75 %) + Pó de serra (25 %)

Os dias mínimos necessários para a germinação de sementes em meios de envasamento esterilizados podem ser devidos à disponibilidade de condições congénitas como ambiente estéril, arejamento e humidade para a germinação.

A germinação precoce em M_2 - Cocopeat @ 75 % + Vermicomposto @ 25% pode dever-se à disponibilidade de arejamento e humidade em quantidade adequada. Resultados semelhantes foram registados por Muhammad *et al.* (2016) em tomate, Mathowa *et al.* (2017) em papel doce, Radha *et al.* (2018) em malagueta e Bantis *et al.* (2019) em melancia e abóbora.

O resultado registrou dias mínimos para a germinação de sementes de porta-enxerto e enxerto em $S\,M_{02}$ e $S\,M_{12}$ pode ser devido à diferença na disponibilidade de aeração, umidade e condições congênitas para a germinação. Os resultados acima estão em estreita conformidade com as conclusões de Bhardwaj *et al.* (2019) em brinjal.

4.2 Efeito da esterilização, do meio de envasamento e da sua interação nas observações biométricas

Durante a experimentação, dez plântulas foram selecionadas aleatoriamente e marcadas em cada tratamento das três repetições de enxerto e porta-enxerto para registar as observações periódicas com um intervalo de 7 dias.

4.2.1 Altura das plântulas dos porta-enxertos (cm)

A altura das plântulas dos porta-enxertos é um parâmetro de crescimento importante que determina o vigor das plântulas, o que é importante para o êxito da enxertia.

Efeito da esterilização (S)

Os dados apresentados na Tabela 3 e representados na Fig. 4 (a) mostraram que a esterilização do meio de envasamento teve um efeito não significativo na altura das plântulas dos porta-enxertos aos 7 e 14 DAG, enquanto que o efeito significativo foi observado aos 21, 28, 35, 42 DAG e 49 DAG.

A maior altura de mudas de porta-enxerto foi registrada em S_1 - Meio de envasamento esterilizado em todos os estágios de crescimento *viz.* 7 DAG (2.61 cm), 14 DAG (3.19 cm), 21 DAG (4.07 cm), 28 DAG (5.43 cm), 35 DAG (7.24 cm), 42 DAG (9.08 cm) e 49 DAG (11.83 cm). A altura mais baixa das mudas de porta-enxerto foi registrada em S_0 - meio de envasamento não esterilizado em todos os estágios de crescimento *viz.* 7 DAG (2,20 cm), 14 DAG (3,01 cm), 21 DAG (3,90 cm), 28 DAG (4,91 cm), 35 DAG (6,35 cm), 42 DAG (7,89 cm) e 49 DAG (9,53 cm).

Efeito do meio de envasamento (M)

Os dados no caso do efeito do meio de envasamento na altura das plântulas dos porta-enxertos no Quadro 3 e representados na Fig. 4 (b) mostraram uma variação significativa em todas as fases de crescimento das plântulas.

A altura máxima das mudas de porta-enxerto foi registrada em M_2 - Cocopeat @ 75 % + Vermicomposto @ 25 % em todos os estágios i.e. 7 DAG (3.29 cm), 14 DAG (4.16 cm), 21 DAG (5.34 cm), 28 DAG (6.74 cm), 35 DAG (8.91 cm), 42 DAG (11.02 cm) e 49 DAG (13.68 cm). Enquanto que a altura mínima foi registada em M_1 - Cocopeat @ 100 % aos 7 DAG (1,98 cm), 14 DAG (2,60 cm), 21 DAG (3,30 cm), 28 DAG (4,38 cm), 35 DAG (5,56 cm), 42 DAG (7,10 cm) e 49 DAG (9,32 cm).

Efeito da interação (S x M)

Os dados apresentados na Tabela 3 e representados na Fig. 4 (c) notaram uma diferença não significativa na altura das plântulas dos porta-enxertos devido à interação da esterilização e do meio de envasamento aos 7 DAG, 14 DAG, 21 DAG, 28 DAG e 35 DAG, enquanto que diferiram significativamente aos 42 DAG e 49 DAG.

A maior altura de plântulas de porta-enxertos foi registada em S M_{12} em todos os estágios de crescimento i.e. 7 DAG (3.63 cm), 14 DAG (4.47 cm), 21 DAG (5.59 cm), 28 DAG (7.45 cm), 35 DAG (9.38 cm), 42 DAG (11.35 cm) que foi a par com S M_{02} (10.69 cm) e 49 DAG (14.88 cm) e que foi significativamente superior a todas as outras combinações de tratamento.

A altura mais baixa das plântulas dos porta-enxertos foi registada em S M_{01} aos 7 DAG (1,73 cm), 14 DAG (2,51 cm), 21 DAG (3,26 cm), 28 DAG (4,10 cm), 35 DAG (4,91 cm), 42 DAG (6,12 cm) e aos 49 DAG (7,66 cm).

Quadro 3: Efeito da esterilização e de diferentes meios de envasamento na altura das plântulas dos porta-enxertos (cm)

Tratamento	Altura das plântulas dos porta-enxertos (cm)																				
	7 DAG					14 DAG					21 DAG					28 DAG				
	M_1	M_2	M_3	M_4	Média	M_1	M_2	M_3	M_4	Média	M_1	M_2	M_3	M_4	Média	M_1	M_2	M_3	M_4	Média
S_0	1.73	2.95	2.10	2.03	**2.20**	2.51	3.84	2.81	2.89	**3.01**	3.26	5.00	3.69	3.63	**3.90**	4.10	6.02	4.89	4.63	**4.91**
S_1	2.23	3.63	2.42	2.15	**2.61**	2.69	4.47	2.80	2.81	**3.19**	3.33	5.69	3.76	3.50	**4.07**	4.52	7.45	4.99	4.73	**5.43**
Média	**1.98**	**3.29**	**2.26**	**2.09**	**2.41**	**2.60**	4.16	**2.80**	**2.85**	3.10	**3.30**	5.34	3.73	**3.56**	3.98	**4.31**	**6.74**	**4.94**	**4.68**	**5.17**
	RES	SEm±		CD a 5%		RES	SEm±		CD a 5%		RES	SEm±		CD a 5%		RES	SEm±		CD a 5%	
S	NS	0.07		-		NS	0.03		-		SIG	0.03		0.16		SIG	0.05		0.31	
M	SIG	0.09		0.29		SIG	0.10		0.31		SIG	0.17		0.53		SIG	0.17		0.53	
S X M	NS	0.13		-		NS	0.14		-		NS	0.24		-		NS	0.24		-	

Tratamento	35 DAG					42 DAG					49 DAG				
	M_1	M_2	M_3	M_4	Média	M_1	M_2	M_3	M_4	Média	M_1	M_2	M_3	M_4	Média
S_0	4.91	8.43	6.29	5.76	**6.35**	6.12	10.69	7.57	7.18	**7.89**	7.66	12.49	9.45	8.53	**9.53**
S_1	6.21	9.38	6.77	6.59	**7.24**	8.07	11.35	8.42	8.48	**9.08**	10.97	14.88	10.42	11.07	**11.83**
Média	**5.56**	**8.91**	**6.53**	**6.17**	**6.79**	**7.10**	**11.02**	**7.99**	**7.83**	**8.49**	**9.32**	**13.68**	**9.93**	**9.80**	**10.68**
	RES	SEm±		CD a 5%		RES	SEm±		CD a 5%		RES	SEm±		CD a 5%	
S	SIG	0.11		0.69		SIG	0.17		1.01		SIG	0.17		1.02	
M	SIG	0.22		0.69		SIG	0.15		0.47		SIG	0.25		0.78	
S X M	NS	0.32		-		SIG	0.21		0.66		SIG	0.36		1.10	

Esterilização de meios de envasamento	Meios de envasamento
S_0 - Meios não esterilizados S_1 - Meios esterilizados	M_1 - Cocopeat (100 %) M_2 - Cocopeat (75 %) + Vermicomposto (25 %) M_3 - Casca de coco (75 %) + Casca de arroz (25 %) M_4 - Casca de coco (75 %) + Pó de serra (25 %)

Nos meios de envasamento esterilizados, a altura das plântulas dos porta-enxertos foi maior, o que pode ser devido a meios de cultivo saudáveis com microrganismos não tóxicos.

A maior altura das mudas de porta-enxerto em M_2 - Cocopeat @ 75 % + Vermicomposto @ 25 % pode ser devido ao aumento do fornecimento de nutrientes através do vermicomposto do que outros meios de envasamento. Resultados semelhantes foram registados por Unal *et al.* (2013) no crescimento de plântulas de vegetais.

Em S $M_{12,}$, a maior altura das plântulas dos porta-enxertos pode dever-se ao aumento do arejamento, da capacidade de retenção de água e do teor de nutrientes do vermicomposto num ambiente saudável. Os resultados estão de acordo com as conclusões de Demir *et al.* (2010) em pimenta e Unal *et al.* (2013) no crescimento de mudas de vegetais.

4.2.2 Altura das plântulas de enxerto (cm)

A altura das plântulas de enxerto com a circunferência do caule é um parâmetro de crescimento importante para determinar a qualidade das plântulas.

Os dados apresentados no Quadro 4 e ilustrados na Fig. 5 mostram que a altura das plântulas do enxerto aumentou continuamente dos 7 DAG aos 42 DAG.

Efeito da esterilização (S)

Os dados reflectidos na Tabela 4 e ilustrados na Fig. 5(a) mostraram um efeito não significativo da esterilização do meio de envasamento na altura das plântulas do rebento aos 7 DAG e um efeito significativo aos 14, 21, 28, 35 e 42 DAG.

A altura máxima das mudas de enxerto foi registrada em S_1 - Meio de envasamento esterilizado aos 7 DAG (2,45 cm), 14 DAG (3,71 cm), 21 DAG (5,42 cm), 28 cm (8,55 cm), 35 DAG (12,50 cm) e 15,50 cm aos 42 DAG. A altura mínima das mudas de enxerto foi observada em S_0 - meio de envasamento não esterilizado em todos os estágios de crescimento, ou seja, 7 DAG (1,90 cm), 14 DAG (3,28 cm), 21 DAG (4,67 cm), 28 DAG (6,37 cm), 35 DAG (9,97 cm) e 13,22 cm aos 42 DAG.

Efeito do meio de envasamento (M)

Os dados registados no Quadro 4 e na Fig. ilustrada em 5(b) notaram uma altura significativamente mais alta de plântulas de rebento no tratamento M_2 - Cocopeat @ 75 % + Vermicomposto @ 25 % em todas as fases de crescimento i.e. 7DAG (2.79 cm), 14 DAG (4.78 cm), 21 DAG (7.23 cm), 28 DAG (10.53 cm), 35 DAG (15.47 cm) e 19.33 cm aos 42 DAG e foi significativamente superior a todos os outros tratamentos. A menor altura de mudas de enxerto foi registada em M_4 - Cocopeat @ 75 % + Pó de serra @ 25 % aos 7 DAG (1.82 cm), 14 DAG (2.99 cm), 21 DAG (4.25 cm), 28 DAG (5.82 cm), 35 DAG (8.79 cm) e 11.73 cm aos 42 DAG.

Efeito da interação (S x M)

Os dados relativos ao efeito da interação da esterilização e do meio de envasamento na altura das plântulas de enxerto no Quadro 4 e ilustrados na Fig. 5(c) revelaram que a altura das plântulas de enxerto variou de forma não significativa aos 7, 14, 21, 28 e 35 DAG, enquanto que foi significativa aos 42 DAG.

A maior altura das mudas de enxerto registada no tratamento S M_{12} i.e. 3.22 cm aos 7 DAG, 4.98 cm aos 14 DAG, 7.76 cm aos 21 DAG, 11.88 cm aos 28 DAG, 16.37 cm aos 35 DAG e 19.96 cm aos 42

DAG que foi significativamente superior a todas as outras combinações de tratamento. A altura mais baixa das mudas do enxerto foi registrada no tratamento S M_{04} aos 7 DAG (1,65 cm), 14 DAG (2,76 cm), 21 DAG (4,67 cm), 28 DAG (5,10 cm), 35 DAG (7,34 cm) e 42 DAG (10,54 cm).

A altura das plântulas do rebento foi mais elevada nos meios de envasamento esterilizados, o que pode dever-se à disponibilidade de meios de crescimento saudáveis que resultaram num crescimento precoce e mais elevado com um menor número de microrganismos nocivos.

A altura máxima observada no tratamento M_2 i.e Cocopeat @ 75 % + Vermicomposto @ 25 % pode ser devido ao alto teor de nutrientes, bom pH e CE. O vermicomposto pode ter aumentado o arejamento, a disponibilidade de nutrientes, o aumento da capacidade de retenção de água e um bom suporte para as plântulas. Este resultado foi apoiado por Rahimi *et al.* (2013) em pimentão e Muhammad *et al.* (2016) em mudas de tomate.

Quadro 4: Efeito da esterilização e de diferentes meios de envasamento na altura das plântulas de enxerto (cm)

Tratamento	Altura das plântulas de enxerto (cm)														
	7 DAG					14 DAG					21 DAG				
	M_1	M_2	M_3	M_4	Média	M_1	M_2	M_3	M_4	Média	M_1	M_2	M_3	M_4	Média
S_0	1.83	2.35	1.78	1.65	**1.90**	2.92	4.58	2.87	2.76	**3.28**	3.97	6.70	4.06	3.95	**4.67**
S_1	2.32	3.22	2.25	1.98	**2.45**	3.35	4.98	3.29	3.22	**3.71**	4.60	7.76	4.78	4.55	**5.42**
Média	**2.08**	**2.79**	**2.02**	**1.82**	**2.17**	**3.14**	**4.78**	**3.08**	**2.99**	**3.50**	**4.28**	**7.23**	**4.42**	**4.25**	**5.04**
	RES	SEm±		CD a 5%		RES	SEm±		CD a 5%		RES	SEm±		CD a 5%	
S	NS	0.18		-		SIG	0.05		0.31		SIG	0.12		0.70	
M	SIG	0.18		0.56		SIG	0.09		0.29		SIG	0.14		0.44	
S X M	NS	0.26		-		NS	0.13		-		NS	0.20		-	
Tratamento	28 DAG					35 DAG					42 DAG				
	M_1	M_2	M_3	M_4	Média	M_1	M_2	M_3	M_4	Média	M_1	M_2	M_3	M_4	Média
S_0	5.51	9.18	5.70	5.10	**6.37**	8.72	14.57	9.25	7.34	**9.97**	11.93	18.71	11.72	10.54	**13.22**
S_1	8.57	11.88	7.20	6.54	**8.55**	12.45	16.37	10.92	10.24	**12.50**	15.31	19.96	13.82	12.91	**15.50**
Média	**7.04**	**10.53**	**6.45**	**5.82**	**7.46**	**10.59**	**15.47**	**10.08**	**8.79**	**11.23**	**13.62**	**19.33**	**12.77**	**11.73**	**14.36**
	RES	SEm±		CD a 5%		RES	SEm±		CD a 5%		RES	SEm±		CD a 5%	
S	SIG	0.33		2.00		SIG	0.30		1.81		SIG	0.32		1.98	
M	SIG	0.35		1.07		SIG	0.30		0.93		SIG	0.20		0.63	
S X M	NS	0.49		-		NS	0.42		-		SIG	0.29		0.89	

Esterilização de meios de envasamento	Meios de envasamento
S_0 - Meios não esterilizados S_1 - Meios esterilizados	M_1 - Cocopeat (100 %) M_2 - Cocopeat (75 %) + Vermicomposto (25 %) M_3 - Casca de coco (75 %) + Casca de arroz (25 %) M_4 - Casca de coco (75 %) + Pó de serra (25 %)

A altura das mudas de enxerto foi máxima em S M_{12} pode ser devido ao meio esterilizado com alto teor de nutrientes disponíveis no vermicomposto. Os resultados acima estavam em conformidade com os resultados obtidos por Demir *et al.* (2010) em pimenta, Vivek e Duraisamy (2017) notaram que, em mudas de tomate e Mathowa *et al.* (2017) em pimenta doce.

4.2.3 Diâmetro na região do colo das plântulas dos porta-enxertos (mm)

O diâmetro na região do colo é um dos parâmetros mais importantes da plântula do porta-enxerto que determina a fase de enxertia e o sucesso da enxertia. Foi observado que o diâmetro da região do colo aumenta consistentemente dos 7 aos 49 DAG.

Efeito da esterilização (S)

Os dados apresentados na Tabela 5 e representados na Fig. 6(a) mostraram que, o efeito não significativo da esterilização no diâmetro da região do colo das plântulas do porta-enxerto aos 7 DAG e 14 DAG, enquanto que o efeito significativo aos 21, 28, 35, 42 e 49 DAG.

O diâmetro máximo na região do colo das mudas dos porta-enxertos foi registrado no S_1 - Meio de envasamento esterilizado, ou seja, 0,67 mm aos 7 DAG, 0,75 mm aos 14 DAG, 0,81 mm aos 21 DAG, 0,92 mm aos 28 DAG, 1,06 mm aos 35 DAG, 1,33 mm aos 42 DAG e 1,42 mm aos 49 DAG. Os valores mínimos foram registados em S_0 - meios de envasamento não esterilizados aos 7 DAG (0,65 mm), 14 DAG (0,72 mm), 28 DAG (0,76 mm), 35 DAG (0,97 mm), 42 DAG (1,16 mm) e 49 DAG (1,29 mm).

Efeito do meio de envasamento (M)

Os dados referentes ao diâmetro na região do colo das mudas dos porta-enxertos, apresentados na Tabela 5 e representados na Fig.

6(b), indicam que os valores variaram significativamente aos 7, 14, 21, 28, 35, 42 e 49 DAG.

O maior diâmetro na região do colo das mudas do porta-enxerto foi observado no tratamento M_2 - Cocopeat @ 75 % + Vermicomposto @ 25 % i.e. 7 DAG (0.72 mm), 14 DAG (0.75 mm), 21 DAG (0.81 mm), 28 DAG (0.92 mm), 35 DAG (1.19 mm), 42 DAG (1.64 mm) e 49 DAG (1.70 mm) que foi igual ao tratamento M_4 - Cocopeat @ 75 % + Pó de serra @ 25% (0.66 mm) aos 7 DAG, M_3 - Cocopeat @ 75 % + Casca de arroz @ 25 %

Quadro 5: Efeito da esterilização e de diferentes meios de envasamento no diâmetro da região do colo das plântulas dos porta-enxertos (mm)

Tratamento	Diâmetro na região do colo das plântulas dos porta-enxertos (mm)																			
	7 DAG					14 DAG					21 DAG					28 DAG				
	M$_1$	M$_2$	M$_3$	M$_4$	Média	M$_1$	M$_2$	M$_3$	M$_4$	Média	M$_1$	M$_2$	M$_3$	M$_4$	Média	M$_1$	M$_2$	M$_3$	M$_4$	Média
S$_0$	0.60	0.71	0.65	0.65	**0.65**	0.66	0.75	0.73	0.73	**0.72**	0.71	0.81	0.76	0.76	**0.76**	0.80	0.97	0.86	0.85	**0.87**
S$_1$	0.63	0.73	0.66	0.66	**0.67**	0.72	0.78	0.76	0.74	**0.75**	0.78	0.87	0.81	0.78	**0.81**	0.87	1.05	0.87	0.90	**0.92**
Média	**0.62**	**0.72**	**0.65**	**0.66**	**0.66**	**0.69**	**0.77**	**0.75**	**0.73**	**0.73**	**0.75**	**0.84**	0.78	**0.77**	**0.78**	**0.83**	**1.01**	**0.87**	**0.87**	**0.90**
	RES	SEm±		CD a 5%		RES	SEm±		CD a 5%		RES	SEm±		CD a 5%		RES	SEm±		CD a 5%	
S	NS	**0.01**		-		NS	**0.01**		-		SIG	**0.005**		**0.03**		SIG	**0.003**		**0.02**	
M	SIG	**0.02**		**0.06**		SIG	**0.02**		**0.05**		SIG	**0.02**		**0.06**		SIG	**0.02**		**0.06**	
S X M	NS	**0.03**		-		NS	**0.02**		-		NS	**0.03**		-		NS	**0.03**		-	

Tratamento	35 DAG					42 DAG					49 DAG				
	M$_1$	M$_2$	M$_3$	M$_4$	Média	M$_1$	M$_2$	M$_3$	M$_4$	Média	M$_1$	M$_2$	M$_3$	M$_4$	Média
S$_0$	0.90	1.13	0.95	0.92	**0.97**	1.02	1.50	1.11	1.03	**1.16**	1.10	1.60	1.25	1.21	**1.29**
S$_1$	1.00	1.26	0.97	1.01	**1.06**	1.13	1.78	1.18	1.23	**1.33**	1.27	1.81	1.34	1.27	**1.42**
Média	**0.95**	**1.19**	**0.96**	**0.96**	**1.02**	**1.08**	**1.64**	**1.14**	**1.13**	**1.25**	**1.19**	**1.70**	**1.29**	**1.24**	**1.36**
	RES	SEm±		CD a 5%		RES	SEm±		CD a 5%		RES	SEm±		CD a 5%	
S	SIG	**0.01**		**0.06**		SIG	**0.02**		**0.09**		SIG	**0.02**		**0.13**	
M	SIG	**0.02**		**0.07**		SIG	**0.04**		**0.11**		SIG	**0.03**		**0.08**	

S X M	NS	0.03	-	NS	0.05	-	NS	0.04	-

Esterilização de meios de envasamento	Meios de envasamento
S_0 - Meios não esterilizados S_1 - Meios esterilizados	M_1 - Cocopeat (100 %) M_2 - Cocopeat (75 %) + Vermicomposto (25 %) M_3 - Casca de coco (75 %) + Casca de arroz (25 %) M_4 - Casca de coco (75 %) + Pó de serra (25 %)

(0.75 mm) e M_4 - Cocopeat @ 75 % + pó de serra @ 25 % aos 14 DAG. O diâmetro mais baixo na região do colarinho das mudas do porta-enxerto foi registrado em M_1 - Cocopeat @ 100 % i.e.0.62 mm aos 7 DAG, 0.69 mm aos 14 DAG, 0.75 mm aos 21 DAG, 0.83 mm aos 28 DAG, 0.95 mm aos 35 DAG, 1.08 mm aos 42 DAG e 1.19 mm aos 49 DAG.

Efeito da interação (S x M)

Os dados registados no Quadro 5 e representados na Fig. 6(c) revelaram que o efeito da interação no diâmetro na região do colo do porta-enxerto não foi significativo aos 7, 14, 21, 28, 35, 42 DAG e 49 DAG.

O maior diâmetro na região do colo das mudas de porta-enxertos foi observado em S M_{12} , ou seja, 0,73 mm aos 7 DAG, 0,78 mm aos 14 DAG, 0,87 mm aos 21 DAG, 1,05 mm aos 28 DAG, 1,26 mm aos 35 DAG, 1,78 mm aos 42 DAG e aos 49 DAG (1,81 mm).Enquanto que o diâmetro mínimo na região do colo das mudas dos porta-enxertos foi registrado em S M_{01} 0,60 mm aos 7 DAG, 0,66 mm aos 14 DAG, 0,71 mm aos 21 DAG, 0,80 mm aos 28 DAG, 0,90 mm aos 35 DAG, 1,02 mm aos 42 DAG e 1,10 mm aos 49 DAG .

O maior diâmetro na região do colo das plântulas dos porta-enxertos pode ser devido ao crescimento vigoroso em meios de envasamento não infectados.

O diâmetro máximo na região do colo das mudas do porta-enxerto em M_2 - Cocopeat @ 75 % + Vermicomposto @ 25 % pode ser devido à maior absorção de nutrientes. Os resultados foram muito semelhantes aos de Demir *et al.*, (2010) em pimenta.

O diâmetro na região do colo das plântulas dos porta-enxertos foi mais elevado em S M_{12} , o que pode ser devido ao facto de o vermicomposto melhorar as propriedades físicas e químicas com a esterilização do meio de envasamento. Resultados semelhantes foram registados por Rahimi *et al.* (2013) em pimentão.

4.2.4 Diâmetro na região do colo das plântulas de enxerto (mm)

O diâmetro na região do colo das plântulas do enxerto é um parâmetro importante para determinar o estágio enxertável e deve ser quase igual ao diâmetro do porta-enxerto.

Observou-se que o diâmetro na região do colo das plântulas do enxerto aumentou continuamente dos 7 DAG aos 42 DAG.

Efeito da esterilização (S)

Os dados mostraram que o efeito da esterilização no meio de envasamento no diâmetro na região do colo das plântulas de enxerto diferem não significativamente aos 7 DAG, enquanto significativamente aos 14, 21, 28, 35 e 42 DAG (Tabela 6 e Fig.7(a)).

O diâmetro máximo na região do colo das mudas de enxerto foi registrado em S_1 - Meio de envasamento esterilizado em todos os estágios, ou seja, 7 DAG (0,65 mm), 14 DAG (0,84 mm), 21 DAG (0,93 mm), 28 DAG (1,25 mm), 35 DAG (1,39 mm) e 42 DAG (1,44 mm). Por outro lado, o diâmetro mínimo na região do colo das mudas do enxerto foi registrado no tratamento S_0 - Meio de envasamento não esterilizado aos 7 DAG (0,63 mm), 14 DAG (0,78 mm), 21 DAG (0,87 mm), 28 DAG (1,05 mm), 35 DAG (1,24 mm) e 42 DAG (1,33 mm).

Efeito do meio de envasamento (M)

A leitura dos dados na Tabela 6 e ilustrada na Fig. 7(b) mostrou que o diâmetro na região do colo das mudas do enxerto variou significativamente aos 7, 14, 21, 28, 35 e 42 DAG.

O diâmetro mais alto na região do colo das mudas foi registrado em M_2 - Cocopeat @ 75 % + Vermicomposto @ 25 % aos 7 DAG (0.69 mm) que foi igual ao M_1 - Cocopeat @ 100 % aos 7 DAG (0.64 mm), 14 DAG (0.87 mm), 21 DAG (1.07 mm), 28 DAG (1.31 mm), 35 DAG (1.52 mm) e 42 DAG (1.69 mm) que foi significativamente superior a todos os outros tratamentos. O menor diâmetro na região do colo das mudas do enxerto foi registrado aos 7 DAG (0,61 mm), 14 DAG (0,78 mm), 21 DAG (0,82 mm), 28 DAG (1,02 mm), 35 DAG (1,15 mm) e 42 DAG (1,20 mm) no tratamento M_4 - Cocopeat @ 75 % + Pó de serra @ 25 %.

Efeito da interação (S x M)

Os dados relativos ao efeito da interação no Quadro 6 e ilustrados na Fig. 7(c) observam que o diâmetro na região do colo das plântulas do enxerto difere de forma não significativa em todas as fases de crescimento.

Quadro 6: Efeito da esterilização e de diferentes meios de envasamento no diâmetro na região do colo das plântulas de enxerto (mm)

Tratamento	Diâmetro na região do colo das plântulas de enxerto (mm)														
	7 DAG					14 DAG					21 DAG				
	M_1	M_2	M_3	M_4	Média	M_1	M_2	M_3	M_4	Média	M_1	M_2	M_3	M_4	Média
S_0	0.62	0.66	0.62	0.61	**0.63**	0.78	0.84	0.76	0.75	**0.78**	0.80	1.06	0.84	0.79	**0.87**
S_1	0.66	0.71	0.62	0.62	**0.65**	0.81	0.90	0.83	0.81	**0.84**	0.88	1.07	0.90	0.86	**0.93**
Média	**0.64**	**0.69**	**0.62**	**0.61**	**0.64**	**0.79**	**0.87**	**0.80**	**0.78**	**0.81**	**0.84**	**1.07**	**0.87**	**0.82**	**0.90**
	RES	SEm±		CD a 5%		RES	SEm±		CD a 5%		RES	SEm±		CD a 5%	
S	NS	0.01		-		SIG	0.003		0.02		SIG	0.006		0.04	
M	SIG	0.02		0.05		SIG	0.02		0.06		SIG	0.03		0.08	
S X M	NS	0.02		-		NS	0.03		-		NS	0.04		-	
Tratamento	28 DAG					35 DAG					42 DAG				
	M_1	M_2	M_3	M_4	Média	M_1	M_2	M_3	M_4	Média	M_1	M_2	M_3	M_4	Média
S_0	1.01	1.20	1.03	0.97	**1.05**	1.23	1.43	1.22	1.09	**1.24**	1.30	1.65	1.25	1.13	**1.33**
S_1	1.31	1.42	1.20	1.07	**1.25**	1.40	1.61	1.34	1.21	**1.39**	1.35	1.74	1.44	1.26	**1.44**
Média	**1.16**	**1.31**	**1.12**	**1.02**	**1.15**	**1.31**	**1.52**	**1.28**	**1.15**	**1.32**	**1.33**	**1.69**	**1.34**	**1.20**	**1.39**
	RES	SEm±		CD a 5%		RES	SEm±		CD a 5%		RES	SEm±		CD a 5%	
S	SIG	0.02		0.12		SIG	0.02		0.11		SIG	0.01		0.03	
M	SIG	0.03		0.10		SIG	0.02		0.07		SIG	0.02		0.08	
S X M	NS	0.04		-		NS	0.03		-		NS	0.04		-	

Esterilização de meios de envasamento	Meios de envasamento

S_0 - Meios não esterilizados S_1 - Meios esterilizados	M_1 - Cocopeat (100 %) M_2 - Cocopeat (75 %) + Vermicomposto (25 %) M_3 - Casca de coco (75 %) + Casca de arroz (25 %) M_4 - Casca de coco (75 %) + Pó de serra (25 %)

O diâmetro máximo na região do colo das mudas do enxerto foi registrado em S M_{12} ou seja, 0,71 mm aos 7 DAG, 0,90 mm aos 14 DAG, 1,07 mm aos 21 DAG, 1,42 mm aos 28 DAG, 1,61 mm aos 35 DAG e 1,74 mm aos 42 DAG. Enquanto o diâmetro mínimo na região do colo das mudas do enxerto foi registrado aos 7 DAG (0,61 mm), 14 DAG (0,75 mm), 21 DAG (0,79 mm), 28 DAG (0,97 mm), 35 DAG (1,09 mm) e 42 DAG (1,13 mm) em S M_{04}.

O diâmetro máximo foi registado em S_1 - O meio de envasamento esterilizado pode ser devido à disponibilidade de meios não infectados e ao aumento da atividade dos microrganismos benéficos.

O diâmetro na região do colo das mudas de enxerto e porta-enxerto foi grande no tratamento M_2 - Cocopeat @ 75 % + Vermicomposto @ 25 % pode ser devido ao equilíbrio correto entre o fornecimento de nutrientes do composto e as caraterísticas físicas do cocopeat, também relatado por Vivek e Duraisamy (2017) em mudas de tomate

Na combinação de tratamentos S $M_{12,}$ o maior diâmetro na região do colo das plântulas do rebento pode ser devido ao seu estado nutricional mais rico que aumentou a atividade fotossintética, resultando no armazenamento de mais material alimentar vegetal que aumenta a circunferência das plântulas. Resultados semelhantes foram dados por Nagma (2019) e Rayker (2020) em brinjal.

4.2.5 Número de folhas funcionais das plântulas dos porta-enxertos

O número de folhas nas plântulas afectou a taxa de fotossíntese e o vigor das plântulas, que é um dos factores que determinam a fase de enxertia.

Foi observado que o número de folhas funcionais das plântulas dos porta-enxertos aumentou consistentemente dos 7 aos 49 DAG.

Efeito da esterilização (S)

Os dados apresentados na Tabela 7 mostram que não houve efeito significativo da esterilização do substrato no número de folhas funcionais das plântulas do porta-enxerto aos 7 e 14 DAG, enquanto que variou significativamente aos 21, 28, 35, 42 e 49 DAG.

O número máximo de folhas foi registado no S_1 - Meio de envasamento esterilizado aos 14 DAG (2.60), 21 DAG (3.45), 28 DAG (4.57), 35 DAG (5.56), 42 DAG (6.27) e 49 DAG (6.66). Enquanto que, o número mínimo de folhas foi registado em S_0 - meios de envasamento não esterilizados i.e. 2.50 aos 14 DAG, 3.35 aos 21 DAG, 4.42 aos 28 DAG, 5.21 aos 35 DAG, 6.05 aos 42 DAG e 6.27 aos 49 DAG.

Efeito do meio de envasamento (M)

De acordo com os dados apresentados na Tabela 7, o número de folhas funcionais das mudas dos porta-enxertos variou significativamente dos 14 aos 49 DAG.

O maior número de folhas funcionais de mudas de porta-enxerto foi observado em M_2 - Cocopeat @ 75 % + Vermicomposto @ 25 % em todos os estágios de crescimento i.e. 14 DAG (3.30), 21 DAG (3.98), 28 DAG (5.35), 35 DAG (5.93), 42 DAG (6.90) e 49 DAG (7.33) que foi significativamente superior a todos os outros tratamentos. M_1 - Cocopeat @ 100 % registrou menor número de folhas funcionais aos 14 DAG (2.18), 21 DAG (3.05), 28 DAG (3.95), 35 DAG (4.92), 42 DAG (5.82) e 49 DAG (5.95).

Efeito da interação (S x M)

Os dados relativos ao efeito da interação S x M no quadro 7 mostram que o efeito da interação não é significativo até aos 35 DAG, mas é significativo aos 42 e 49 DAG.

O número mais elevado de folhas funcionais foi registado em S M_{02} em todas as fases de crescimento, com a magnitude de 14 DAG (3,37), 21 DAG (4,07), 28 DAG (5,87), 35 DAG (6,27), 42 DAG (7,20) e 49 DAG (7,70), o que foi significativamente superior a todas as outras combinações de tratamento. S M_{01} registou um menor número de folhas funcionais aos 14 DAG (2,10), 21 DAG (2,93), 28 DAG (3,77), 35 DAG (4,57), 42 DAG (5,53) e 49 DAG (5,67).

Os meios de envasamento esterilizados com maior número de folhas funcionais das plântulas dos porta-enxertos podem ser devidos ao aumento da altura e do perímetro das plântulas produzidas nestes meios.

Quadro 7: Efeito da esterilização e de diferentes meios de envasamento no número de folhas funcionais das plântulas dos porta-enxertos

Tratamento	Número de folhas funcionais das plântulas dos porta-enxertos																			
	7 DAG					14 DAG					21 DAG					28 DAG				
	M_1	M_2	M_3	M_4	Média	M_1	M_2	M_3	M_4	Média	M_1	M_2	M_3	M_4	Média	M_1	M_2	M_3	M_4	Média
S_0	2	2	2	2	2	2.10	3.37	2.27	2.27	2.50	2.93	4.07	3.30	3.10	3.35	3.77	5.87	4.07	3.97	4.42
S_1	2	2	2	2	2	2.27	3.23	2.43	2.47	2.60	3.17	3.90	3.43	3.30	3.45	4.13	4.83	4.70	4.60	4.57
Média	2	2	2	2	2	2.18	3.30	2.35	2.37	2.55	3.05	3.98	3.37	3.20	3.40	3.95	5.35	4.38	4.28	4.49

	RES	SEm±	CD a 5%	RES	SEm±	CD a 5%	RES	SEm±	CD a 5%	RES	SEm±	CD a 5%
S	NS	0	-	NS	0.07	-	SIG	0.01	0.06	SIG	0.02	0.12
M	NS	0	-	SIG	0.07	0.22	SIG	0.16	0.49	SIG	0.28	0.85
S X M	NS	0	-	NS	0.10	-	NS	0.22	-	NS	0.39	-

Tratamento	35 DAG					42 DAG					49 DAG				
	M_1	M_2	M_3	M_4	Média	M_1	M_2	M_3	M_4	Média	M_1	M_2	M_3	M_4	Média
S_0	4.57	6.27	5.27	4.73	5.21	5.53	7.20	5.87	5.60	6.05	5.67	7.70	6.00	5.70	6.27
S_1	5.27	5.60	5.90	5.47	5.56	6.10	6.60	6.23	6.13	6.27	6.23	6.97	6.63	6.80	6.66
Média	4.92	5.93	5.58	5.10	5.38	5.82	6.90	6.05	5.87	6.16	5.95	7.33	6.32	6.25	6.46

	RES	SEm±	CD a 5%	RES	SEm±	CD a 5%	RES	SEm±	CD a 5%
S	SIG	0.06	0.35	SIG	0.01	0.07	SIG	0.06	0.36
M	SIG	0.19	0.59	SIG	0.07	0.23	SIG	0.12	0.38
S X M	NS	0.27	-	SIG	0.11	0.32	SIG	0.17	0.53

Esterilização de meios de envasamento	Meios de envasamento
S_0 - Meios não esterilizados S_1 - Meios esterilizados	M_1 - Cocopeat (100 %) M_2 - Cocopeat (75 %) + Vermicomposto (25 %) M_3 - Casca de coco (75 %) + Casca de arroz (25 %) M_4 - Casca de coco (75 %) + Pó de serra (25 %)

O número máximo de folhas em mudas de porta-enxerto foi observado em M_2 - Cocopeat @ 75 % + Vermicomposto @ 25 % pode ser devido ao enriquecimento em meios com alto teor de nutrientes. O resultado semelhante foi registado por Razzak *et al.* (2018) em pimenta, pepino e abóbora de verão.

O número máximo de folhas funcionais na combinação de tratamento S M_{02} pode ser devido à rápida absorção de nutrição do vermicomposto. Também foi dado por Mathowa *et al.* (2017) em papel doce e Ziest (2017) em tomate.

4.2.6 Número de folhas funcionais das plântulas de enxerto

O número de folhas funcionais das plântulas do enxerto aumentou continuamente dos 7 DAG aos 42 DAG.

Efeito da esterilização (S)

O efeito da esterilização do substrato no número de folhas funcionais das mudas de enxerto revelou variação não significativa aos 7 e 14 DAG e diferença significativa aos 21, 28, 35 e 42 DAG (Tabela 8).

O número máximo de folhas funcionais em mudas de enxerto foi registrado em S_0 - Meio de envasamento não esterilizado aos 7 DAG (2,08) e no tratamento S_1 - Meio de envasamento esterilizado aos 14 DAG (3,38), 21 DAG (4,27), 28 DAG (5,76), 35 DAG (6,37) e 42 DAG (6,92). O número mínimo de folhas funcionais foi observado no tratamento S_1 - Meio de envasamento esterilizado aos 7 DAG (2,07) e no tratamento S_0 - Meio de envasamento não esterilizado aos 14 DAG (3,32), 21 DAG (4,14), 28 DAG (5,36), 35 DAG (6,16) e 42 DAG (6,63).

Efeito do meio de envasamento (M)

Os dados apresentados no Quadro 8 mostram que o número de folhas funcionais das plântulas de enxerto variou significativamente em todas as fases de crescimento.

O maior número de folhas funcionais nas mudas de enxerto foi observado no tratamento M_2 - Cocopeat @ 75 % + Vermicomposto @ 25 % aos 7 DAG (2,28), 14 DAG (4,02), 21 DAG (4,73), 28 DAG (6,05), 35 DAG (6,50) e 42 (7,85), que foi significativamente superior aos outros tratamentos. Por outro lado, o menor número de folhas funcionais das mudas de enxerto

Quadro 8: Efeito da esterilização e de diferentes meios de envasamento no número de folhas funcionais das plântulas de enxerto

Tratamento	Número de folhas funcionais das plântulas de enxerto														
	7 DAG					14 DAG					21 DAG				
	M_1	M_2	M_3	M_4	Média	M_1	M_2	M_3	M_4	Média	M_1	M_2	M_3	M_4	Média
S_0	2.00	2.30	2.00	2.00	**2.08**	3.20	4.03	3.07	2.97	**3.32**	3.93	4.77	3.97	3.90	**4.14**
S_1	2.00	2.27	2.00	2.00	**2.07**	3.13	4.00	3.30	3.07	**3.38**	4.03	4.70	4.40	3.93	**4.27**
Média	2.00	2.28	2.00	2.00	**2.07**	3.17	4.02	3.18	3.02	**3.35**	3.98	4.73	4.18	3.92	**4.20**
	RES	SEm±		CD a 5%		RES	SEm±		CD a 5%		RES	SEm±		CD a 5%	
S	NS	0.01		-		NS	0.06		-		SIG	0.02		0.11	
M	SIG	0.02		0.07		SIG	0.07		0.20		SIG	0.06		0.18	
S X M	NS	0.03		-		NS	0.09		-		NS	0.08		-	
Tratamento	28 DAG					35 DAG					42 DAG				
	M_1	M_2	M_3	M_4	Média	M_1	M_2	M_3	M_4	Média	M_1	M_2	M_3	M_4	Média
S_0	5.27	6.13	5.03	5.00	**5.36**	6.10	6.53	6.06	5.97	**6.16**	6.23	7.97	6.20	6.13	**6.63**
S_1	5.80	5.97	5.83	5.43	**5.76**	6.33	6.47	6.53	6.13	**6.37**	6.60	7.73	6.70	6.63	**6.92**
Média	5.53	6.05	5.43	5.22	**5.56**	6.22	6.50	6.30	6.05	**6.27**	6.42	7.85	6.45	6.38	**6.77**
	RES	SEm±		CD a 5%		RES	SEm±		CD a 5%		RES	SEm±		CD a 5%	
S	SIG	0.04		0.27		SIG	0.03		0.20		SIG	0.04		0.26	
M	SIG	0.13		0.39		SIG	0.09		0.28		SIG	0.09		0.29	
S X M	NS	0.18		-		NS	0.13		-		NS	0.13		-	

Esterilização de meios de envasamento	Meios de envasamento

65

S_0 - Meios não esterilizados	M_1 - Cocopeat (100 %) M_2 - Cocopeat (75 %) + Vermicomposto (25 %)
S_1 - Meios esterilizados	M_3 - Casca de coco (75 %) + Casca de arroz (25 %) M_4 - Casca de coco (75 %) + Pó de serra (25 %)

foi registado no tratamento M_4 - Cocopeat @ 75 % + pó de serra @ 25 %, M_1 - Cocopeat @ 100 %, M_3 - Cocopeat @ 75 % + casca de arroz @ 25% aos 7 DAG (2) enquanto que, no tratamento M_4 - Cocopeat @ 75 % + pó de serra @ 25 % aos 14 DAG (3.02), 21 DAG (3.92), 28 DAG (5.22), 35 DAG (6.05) e 42 DAG (6.38).

Efeito da interação (S x M)

O efeito da interação S x M na Tabela 8 revelou que, variação não significativa aos 7 DAG, 14 DAG, 21 DAG, 28 DAG, 35 DAG e 42 DAG.

O número máximo de folhas funcionais das mudas de enxerto foi registado em S M_{02} como 2,30 aos 7 DAG, 4,03 aos 14 DAG, 4,77 aos 21 DAG, 6,13 aos 28 DAG, 6,53 aos 35 DAG e 7,97 aos 42 DAG e superior aos outros tratamentos. Número mínimo de folhas funcionais de mudas de enxerto observado em S M $S_{01,\,03}$, MS M S M $S_{04,\,11,\,13}$ Me S M_{14} aos 7 DAG (2) enquanto em S M_{04} aos 14 DAG (2.97), 21 DAG (3.90), 28 DAG (5.00), 35 DAG (5.97) e 42 DAG (6.13).

Os meios de envasamento esterilizados com maior número de folhas funcionais das plântulas do rebento e do porta-enxerto podem ser devidos ao aumento da qualidade dos meios de envasamento.

O número máximo de folhas de mudas de enxerto e porta-enxerto foi observado no tratamento M_2 - Cocopeat @ 75 % + Vermicomposto @ 25 % pode ser devido ao equilíbrio adequado de nutrientes e propriedades físicas do meio. Este facto também foi referido por Markovic *et al.* (1995) em tomate e pimento e por Demir *et al.* (2010) em pimento.

Em S M_{02}, foi registado o máximo de folhas funcionais, o que pode dever-se ao facto de as misturas de cocopeat com substratos orgânicos, como o vermicomposto, aumentarem a produção de folhas. Também foi relatado por Markovic *et al.* (1995) em tomate e pimenta, Demir *et al.* (2010) em pimenta, Khah (2011) em brinjal e em desacordo com Vivek e Duraisamy (2017) em tomate.

4.2.7 Espalhamento das plantas das plântulas dos porta-enxertos (cm)

A propagação das plantas é um parâmetro importante para determinar as plântulas saudáveis. Os dados relativos à dispersão das plantas das plântulas dos porta-enxertos variaram significativamente entre todos os tratamentos estudados. Os dados apresentados no Quadro 9 mostram que a dispersão das plantas das plântulas dos porta-enxertos aumentou dos 7 aos 49 DAG.

Efeito da esterilização (S)

Os dados apresentados no Quadro 9 mostram um efeito não significativo da esterilização nos meios de envasamento dos 7 aos 14 DAG e um efeito significativo dos 21 aos 49 DAG.

A propagação máxima de plantas de mudas de porta-enxerto foi registrada em S_1 - Meio de envasamento esterilizado i.e. 1.61 cm aos 7 DAG, 2.37 cm aos 14 DAG, 4.14 cm aos 21 DAG, 6.01 aos 28 DAG, 7.68 cm aos 35 DAG, 8.67 cm aos 42 DAG e 9.54 cm aos 49 DAG. A dispersão mínima das mudas dos porta-enxertos foi relatada em S_0 - Meio de envasamento não esterilizado aos 7 DAG (1,47 cm), 14 DAG (2,06 cm), 21 DAG (3,49 cm), 28 DAG (5,26), 35 DAG (6,73 cm), 42 DAG (7,33 cm) e 49 DAG (8,82 cm).

Efeito do meio de envasamento (M)

Os dados apresentados no Quadro 9 mostram um efeito significativo do meio de envasamento na propagação das plantas em todas as fases de crescimento.

A propagação máxima significativa das plantas foi registada no tratamento M_2 - Cocopeat @ 75 % + Vermicomposto @ 25 % aos 7 DAG (1.73 cm), 14 DAG (2.91 cm), 21 DAG (5.38 cm), 28 DAG (6.78 cm), 35 DAG (8.73 cm), 42 DAG (9.45 cm) e 49 DAG (10.09 cm). Enquanto isso, a propagação mínima de plantas foi registrada no tratamento M_1 - Cocopeat @ 100 % aos 7 DAG (1,46 cm), 14 DAG (1,80), 21 DAG (2,96 cm), 28 DAG (4,71 cm), 35 DAG (6,61 cm), 42 DAG (7,25 cm) e 49 DAG (8,73 cm).

Efeito da interação (S x M)

A observação registada no quadro 9 revelou que o efeito da interação não é significativo em todas as fases de crescimento.

Quadro 9: Efeito da esterilização e de diferentes meios de envasamento na propagação das plantas dos porta-enxertos (cm)

Tratamento	Espalhamento das plantas dos porta-enxertos (cm)																			
	7 DAG					14 DAG					21 DAG					28 DAG				
	M_1	M_2	M_3	M_4	Média	M_1	M_2	M_3	M_4	Média	M_1	M_2	M_3	M_4	Média	M_1	M_2	M_3	M_4	Média
S_0	1.41	1.63	1.42	1.43	**1.47**	1.63	2.67	1.93	2.00	**2.06**	2.86	4.97	3.17	2.96	**3.49**	4.32	6.43	5.62	4.66	**5.26**
S_1	1.50	1.84	1.56	1.53	**1.61**	1.98	3.15	2.33	2.02	**2.37**	3.06	5.78	4.42	3.31	**4.14**	5.09	7.14	6.35	5.48	**6.01**
Média	**1.46**	**1.73**	**1.49**	**1.48**	**1.54**	**1.80**	**2.91**	**2.13**	**2.01**	**2.21**	**2.96**	**5.38**	**3.79**	**3.14**	**3.82**	**4.71**	**6.78**	**5.99**	**5.07**	**5.64**
	RES	SEm±		CD a 5%		RES	SEm±		CD a 5%		RES	SEm±		CD a 5%		RES	SEm±		CD a 5%	
S	NS	0.07		-		NS	0.12		-		SIG	0.07		0.41		SIG	0.12		0.71	
M	SIG	0.06		0.18		SIG	0.14		0.43		SIG	0.18		0.56		SIG	0.20		0.61	
S X M	NS	0.08		-		NS	0.20		-		NS	0.26		-		NS	0.28		-	

Tratamento	35 DAG					42 DAG					49 DAG				
	M_1	M_2	M_3	M_4	Média	M_1	M_2	M_3	M_4	Média	M_1	M_2	M_3	M_4	Média
S_0	5.95	8.63	6.38	5.97	**6.73**	6.32	9.08	7.33	6.58	**7.33**	7.85	9.46	8.46	8.24	**8.82**
S_1	7.26	8.83	7.36	7.28	**7.68**	8.18	9.83	8.23	8.44	**8.67**	9.60	10.73	9.53	9.58	**9.54**
Média	**6.61**	**8.73**	**6.87**	**6.63**	**7.21**	**7.25**	**9.45**	**7.78**	**7.51**	**8.00**	**8.73**	**10.09**	**8.99**	**8.91**	**9.18**
	RES	SEm±		CD a 5%		RES	SEm±		CD a 5%		RES	SEm±		CD a 5%	
S	SIG	0.04		0.26		SIG	0.21		1.28		SIG	0.07		0.42	

70

M	SIG	0.26	0.80	SIG	0.23	0.71	SIG	0.19	0.59
S X M	NS	0.37	-	NS	0.33	-	NS	0.27	-

Esterilização de meios de envasamento	Meios de envasamento
S_0 - Meios não esterilizados S_1 - Meios esterilizados	M_1 - Cocopeat (100 %) M_2 - Cocopeat (75 %) + Vermicomposto (25 %) M_3 - Casca de coco (75 %) + Casca de arroz (25 %) M_4 - Casca de coco (75 %) + Pó de serra (25 %)

A maior propagação de plantas em mudas de porta-enxerto de 1,84 cm, 3,15 cm, 5,78 cm, 7,14 cm, 8,83 cm, 9,83 cm e 10,73 cm aos 7 DAG, 14 DAG, 21 DAG, 28 DAG, 35 DAG, 42 DAG e 49 DAG respetivamente foi registada no tratamento S M_{12} que foi superior a todas as outras combinações de tratamento. A menor dispersão de plantas de plântulas de porta-enxertos foi registada em S M_{01} que foi de 1,41 cm, 1,63 cm, 2,86 cm, 4,32 cm, 5,95 cm, 6,32 cm e 7,85 cm aos 7 DAG, 14 DAG, 21 DAG, 28 DAG, 35 DAG, 42 DAG e 49 DAG, respetivamente.

O crescimento mais leste-oeste e norte-sul foi registado no máximo em meios esterilizados, o que pode ser devido ao crescimento máximo das folhas e da altura das plântulas.

A maior propagação de plantas de porta-enxertos foi registada no tratamento M_2 - Cocopeat @ 75 % + Vermicomposto @ 25 % pode ser devido às condições favoráveis disponíveis no meio para absorver mais nutrição, o que foi benéfico para o desenvolvimento de folhas máximas. Também foi registado por Nirmal *et al.* (2019) em mudas de malagueta.

A propagação máxima das plantas na combinação de tratamentos S M_{12} pode ser devida à disponibilidade de nutrientes no substrato de crescimento que afecta grandemente o tamanho das folhas e a capacidade de retenção de água favorável ao aparecimento e expansão das folhas. Resultados semelhantes também foram relatados por Nirmal, (2019) em mudas de malagueta.

4.2.8 Espalhamento das plantas das plântulas de enxerto (cm)

A dispersão das plantas das plântulas do enxerto afecta o vigor das plântulas, o que, em última análise, afecta o sucesso da enxertia.

Os dados relativos à propagação das plantas das plântulas de enxerto são apresentados no Quadro 10, que mostra que a propagação das plantas das plântulas de enxerto aumentou dos 7 aos 42 DAG.

Efeito da esterilização (S)

A observação registada do efeito da esterilização no meio de envasamento na propagação de plantas de plântulas de rebento revelou que, variação não significativa aos 7 DAG e 14 DAG enquanto significativa aos 21 DAG, 28 DAG, 35 DAG e 42 DAG (Quadro 10).

Foi evidente que a propagação máxima das plantas foi registada em S_1 - Meio de envasamento esterilizado aos 7 DAG (1,90 cm), 14 DAG (4,02 cm), 21 DAG (6,06 cm), 28 DAG (8,84 cm), 35 DAG (9,54 cm) e 42 DAG (9,97 cm). Enquanto que o mínimo foi registado em S_0 - Meio de envasamento não esterilizado aos 7 DAG (1.77 cm), 14 DAG (3.51 cm), 21 DAG (5.18 cm), 28 DAG (7.65 cm), 35 DAG (8.67 cm) e 42 DAG (9.55 cm).

Efeito do meio de envasamento (M)

Os dados registados na Tabela 10 mostraram que, a propagação de plantas de mudas de enxerto variou significativamente em todos os estágios de crescimento. A propagação máxima de plantas de mudas de enxerto foi observada no tratamento M_2 - Cocopeat @ 75 % + Vermicomposto @ 25 %, ou seja, 2,30 cm aos 7 DAG, 6,18 cm aos 14 DAG, 7,27 cm aos 21 DAG, 10,03 cm aos 28 DAG, 10,32 cm aos 35 DAG e 10,63 cm aos 42 DAG, que foi igual ao M_1 - Cocopeat @ 100 % (10.06 cm), enquanto que a propagação mínima de mudas de enxerto foi registrada no tratamento M_4 - Cocopeat @ 75 % + pó de serra @ 25 % aos 7 DAG (1.64 cm), 14 DAG (2.79 cm), 21 DAG (4.77 cm), 28 DAG (6.96 cm), 35 DAG (8.08 cm) e 42 DAG (9.08 cm).

Efeito da interação (S x M)

O efeito da interação na dispersão das plantas das plântulas de enxerto mostrou uma variação não significativa em todas as fases de crescimento (Tabela 10). A maior propagação de plantas foi registada na combinação de tratamento S M_{12} aos 7 DAG (2,46 cm), 14 DAG (6,48 cm), 21 DAG (7,45 cm), 28 DAG (10,08 cm), 35 DAG (10,33 cm) e 42 DAG (10,63 cm) que foi superior a todas as outras combinações de tratamento. A menor dispersão de plantas das mudas do rebento foi observada em S M_{04} 7 DAG (1,62 cm), 14 DAG (2,58 cm), 21 DAG (4,22 cm), 28 DAG (6,27 cm), 35 DAG (7,23 cm) e 49 DAG (8,95 cm).

Quadro 10: Efeito da esterilização e de diferentes meios de envasamento na expansão das plantas das plântulas de rebento (cm)

Tratamento	Espalhamento das plantas das plântulas do enxerto (cm)														
	7 DAG					14 DAG					21 DAG				
	M_1	M_2	M_3	M_4	Média	M_1	M_2	M_3	M_4	Média	M_1	M_2	M_3	M_4	Média
S_0	1.68	2.13	1.65	1.62	**1.77**	2.80	5.89	2.78	2.58	**3.51**	4.80	7.09	4.59	4.22	**5.18**
S_1	1.77	2.46	1.71	1.67	**1.90**	3.24	6.48	3.37	3.00	**4.02**	5.83	7.45	5.63	5.33	**6.06**
Média	**1.72**	**2.30**	**1.68**	**1.64**	**1.84**	**3.02**	**6.18**	**3.08**	**2.79**	**3.77**	**5.32**	**7.27**	**5.11**	**4.77**	**5.62**
	RES	SEm±		CD a 5%		RES	SEm±		CD a 5%		RES	SEm±		CD a 5%	
S	NS	0.04		-		NS	0.29		-		SIG	0.13		0.79	
M	SIG	0.05		0.17		SIG	0.39		1.20		SIG	0.14		0.43	
S X M	NS	0.08		-		NS	0.55		-		NS	0.20		-	
Tratamento	28 DAG					35 DAG					42 DAG				
	M_1	M_2	M_3	M_4	Média	M_1	M_2	M_3	M_4	Média	M_1	M_2	M_3	M_4	Média
S_0	7.49	9.98	6.87	6.27	**7.65**	8.81	10.30	8.33	7.23	**8.67**	9.38	10.62	9.27	8.95	**9.55**
S_1	9.14	10.08	8.48	7.65	**8.84**	9.52	10.33	9.36	8.94	**9.54**	10.74	10.63	9.31	9.21	**9.97**
Média	**8.32**	**10.03**	**7.67**	**6.96**	**8.25**	**9.17**	**10.32**	**8.85**	**8.08**	**9.10**	**10.06**	**10.63**	**9.29**	**9.08**	**9.76**
	RES	SEm±		CD a 5%		RES	SEm±		CD a 5%		RES	SEm±		CD a 5%	
S	SIG	0.07		0.43		SIG	0.08		0.46		SIG	0.03		0.18	
M	SIG	0.30		0.91		SIG	0.36		1.10		SIG	0.29		0.90	
S X M	NS	0.42		-		NS	0.50		-		NS	0.41		-	

Esterilização de meios de envasamento	Meios de envasamento

S_0 - Meios não esterilizados S_1 - Meios esterilizados	M_1 - Cocopeat (100 %) M_2 - Cocopeat (75 %) + Vermicomposto (25 %) M_3 - Casca de coco (75 %) + Casca de arroz (25 %) M_4 - Casca de coco (75 %) + Pó de serra (25 %)

O crescimento leste-oeste e norte-sul foi máximo em meios de envasamento esterilizados, o que pode ser devido à prevalência de condições apropriadas e produtos químicos menos tóxicos que aumentaram a capacidade de expansão das folhas.

A maior propagação de plantas do rebento foi registada no tratamento M$_2$ - Cocopeat @ 75 % + Vermicomposto @ 25 % pode ser devido ao aumento do crescimento geral das plântulas. Os resultados da descoberta estão de acordo com a descoberta de Nirmal, (2019) em mudas de chiili.

A propagação máxima das plantas registada na combinação de tratamentos S M$_{12}$ pode dever-se à disponibilidade de nutrientes no substrato de crescimento, o que afecta grandemente o tamanho das folhas e a disponibilidade de boas propriedades dos meios, nomeadamente o valor do pH, o valor da CE e o teor de NPK. Resultados semelhantes também relatados por Nirmal, (2019) em mudas de chiili.

4.2.9 Comprimento da raiz axial das plântulas dos porta-enxertos (cm)

O comprimento da raiz axial determina o crescimento e o desenvolvimento das raízes das plântulas. Os dados relativos ao comprimento da raiz axial das plântulas dos porta-enxertos foram apresentados no Quadro 11. O comprimento da raiz axial das plântulas dos porta-enxertos aumentou continuamente de 7 DAG a 49 DAG.

Efeito da esterilização (S)

Os dados referentes ao efeito da esterilização do meio de envasamento no comprimento da raiz axial das plântulas dos porta-enxertos mostraram que, efeito não significativo aos 7 DAG e variação significativa aos 14, 21, 28, 35, 42 e 49 DAG (Tabela 11).

O comprimento significativamente máximo da raiz principal das plântulas do porta-enxerto foi registado em S_1 - Envasamento esterilizado i.e. 2.53 cm aos 14 DAG, 3.32 cm aos 21 DAG, 4.04 cm aos 28 DAG, 4.62 cm aos 35 DAG, 4.90 cm aos 42 DAG e 5.23 cm aos 49 DAG. O comprimento da raiz axial das plântulas do porta-enxerto foi menor no S_0 - meio de envasamento não esterilizado aos 7 DAG (1,65 cm), 14 DAG (2,13 cm), 21 DAG (2,82 cm), 28 DAG (3,35 cm), 35 DAG (3,82 cm), 42 DAG (4,36 cm), 49 DAG (4,75 cm).

Efeito do meio de envasamento (M)

Os dados registados no Quadro 11 revelaram um efeito significativo do meio de envasamento no comprimento da raiz axial das plântulas dos porta-enxertos em todas as fases de crescimento e desenvolvimento.

O comprimento máximo da raiz principal das mudas de porta-enxerto foi registrado em M_2 - Cocopeat @ 75 % + Vermicomposto @ 25 % aos 7 DAG (1,97 cm), que foi igual a M_4 - Cocopeat @ 75 % + Pó de serra @ 25 % (1.75 cm), 14 DAG (2.67 cm), 21 DAG (3.58 cm), 28 DAG (4.15 cm), 35 DAG (4.88 cm), 42 DAG (5.40 cm) e 49 DAG (6.01 cm) que foi significativamente superior a todos os outros tratamentos. Enquanto isso, o comprimento mínimo da raiz principal das mudas de porta-enxerto foi registrado em M_1 - Cocopeat @ 100 % i.e. 1.54 aos 7 DAG, 2.07 cm aos 14 DAG, 2.78 cm aos 21 DAG, 3.32 cm aos 28 DAG, 3.88 cm aos 35 DAG, 4.26 cm aos 42 DAG e 49 DAG (4.60 cm).

Efeito da interação (S x M)

Os dados apresentados no quadro 11 reflectem um efeito não significativo da interação (S x M) no comprimento da raiz axial das plântulas dos porta-enxertos em todas as fases de crescimento.

O maior comprimento da raiz principal das plântulas do porta-enxerto foi registado em S M_{02} e S M_{12} i.e. 1.97 aos 7 DAG e em S M_{12} aos 14 DAG (2.77 cm), 21 DAG (3.90 cm), 28 DAG (4.47 cm), 35 DAG (5.55 cm), 42 DAG (5.85 cm) e 49 DAG (6.68 cm). Enquanto que o crescimento mínimo da raiz axial foi observado em S M_{01} aos 7 DAG (1,33 cm), 14 DAG (1,80 cm), 21 DAG (2,37 cm), 28 DAG (3,03 cm), 35 DAG (3,60 cm), 42 DAG (4,07 cm) e 49 DAG (4,48 cm).

O comprimento da raiz axial do porta-enxerto foi maior em meios de envasamento esterilizados, o que pode ser devido ao efeito mínimo de microrganismos prejudiciais como *Fusarium* e *Pythium Spp.* (Baker, 1967a).

O comprimento máximo da raiz principal das mudas de porta-enxerto registado em M_2 - Cocopeat @ 75 % + Vermicomposto @ 25 % pode ser devido ao composto fornecer a matéria orgânica ou microrganismos que aumentam o crescimento da raiz. Os resultados do presente estudo estavam de acordo com a descoberta de Razzak *et al.* (2018) em pimenta, pepino e abóbora de verão.

Quadro 11: Efeito da esterilização e de diferentes meios de envasamento no comprimento da raiz axial das plântulas dos porta-enxertos (cm)

Comprimento da raiz axial das plântulas dos porta-enxertos (cm)

Tratamento	7 DAG					14 DAG					21 DAG					28 DAG				
	M_1	M_2	M_3	M_4	Média	M_1	M_2	M_3	M_4	Média	M_1	M_2	M_3	M_4	Média	M_1	M_2	M_3	M_4	Média
S_0	1.33	1.97	1.55	1.73	**1.65**	1.80	2.57	2.20	1.97	**2.13**	2.37	3.27	2.67	2.97	**2.82**	3.03	3.83	3.20	3.27	**3.35**
S_1	1.75	1.97	1.83	1.77	**1.83**	2.33	2.77	2.47	2.53	**2.53**	3.20	3.90	3.17	3.00	**3.32**	3.60	4.47	3.77	4.20	**4.04**
Média	**1.54**	**1.97**	**1.69**	**1.75**	**1.74**	**2.07**	**2.67**	**2.33**	**2.25**	**2.33**	**2.78**	**3.58**	**2.92**	**2.98**	**3.07**	**3.32**	**4.15**	**3.48**	**3.73**	**3.70**

	7 DAG RES	SEm±	CD a 5%	14 DAG RES	SEm±	CD a 5%	21 DAG RES	SEm±	CD a 5%	28 DAG RES	SEm±	CD a 5%
S	NS	0.04	-	SIG	0.06	0.37	SIG	0.07	0.41	SIG	0.10	0.59
M	SIG	0.09	0.26	SIG	0.08	0.26	SIG	0.13	0.41	SIG	0.12	0.38
S X M	NS	0.12	-	NS	0.12	-	NS	0.19	-	NS	0.17	-

Tratamento	35 DAG					42 DAG					49 DAG				
	M_1	M_2	M_3	M_4	Média	M_1	M_2	M_3	M_4	Média	M_1	M_2	M_3	M_4	Média
S_0	3.60	4.20	3.68	3.80	**3.82**	4.07	4.96	4.25	4.17	**4.36**	4.48	5.33	4.62	4.54	**4.75**
S_1	4.17	5.55	4.12	4.63	**4.62**	4.45	5.85	4.71	4.59	**4.90**	4.72	6.68	4.81	4.71	**5.23**
Média	**3.88**	**4.88**	**3.90**	**4.22**	**4.22**	**4.26**	**5.40**	**4.48**	**4.38**	**4.63**	**4.60**	**6.01**	**4.72**	**4.62**	**4.99**

	35 DAG RES	SEm±	CD a 5%	42 DAG RES	SEm±	CD a 5%	49 DAG RES	SEm±	CD a 5%
S	SIG	0.12	0.76	SIG	0.07	0.41	SIG	0.04	0.22
M	SIG	0.20	0.61	SIG	0.23	0.70	SIG	0.20	0.60
S X M	NS	0.28	-	NS	0.32	-	NS	0.28	-

80

Esterilização de meios de envasamento	Meios de envasamento
S_0 - Meios não esterilizados S_1 - Meios esterilizados	M_1 - Cocopeat (100 %) M_2 - Cocopeat (75 %) + Vermicomposto (25 %) M_3 - Casca de coco (75 %) + Casca de arroz (25 %) M_4 - Casca de coco (75 %) + Pó de serra (25 %)

O comprimento máximo em S M_{12} pode ser devido ao facto de o vermicomposto com cocopeat melhorar a porosidade do solo, o teor de água, os poros de drenagem, a permeabilidade do meio e a disponibilidade de água. Os resultados estão em conformidade com Unal *et al.* (2013) em tomate e em desacordo com Vivek e Duraisamy (2017) em tomate.

4.2.10 Comprimento da raiz axial das plântulas de enxerto (cm)

O comprimento da raiz axial tem efeito na capacidade de suporte das plântulas.

Os dados relativos ao comprimento da raiz axial das plântulas de enxerto variaram significativamente entre todos os tratamentos em estudo e são apresentados no Quadro 12, que indica que o comprimento da raiz axial das plântulas de enxerto aumenta consistentemente dos 7 DAG aos 42 DAG.

Efeito da esterilização (S)

O efeito da esterilização nos meios de envasamento diferiu de forma não significativa aos 7 DAG e diferiu significativamente aos 14, 21, 28, 35 e 42 DAG.

O comprimento máximo da raiz principal das mudas de enxerto foi registrado em S_1 - Meio de envasamento esterilizado aos 14 DAG (3,27 cm), 21 DAG (3,66 cm), 28 DAG (4,06 cm), 35 DAG (4,51 cm) e 42 DAG (4,96 cm). O comprimento mínimo da raiz principal das mudas de enxerto foi registrado em S_0 - Meio de envasamento não esterilizado aos 7 DAG (2,49 cm), 14 DAG (2,87 cm), 21 DAG (3,26 cm), 28 DAG (3,90 cm), 35 DAG (4,29 cm) e 42 DAG (4,80 cm).

Efeito do meio de envasamento (M)

Os dados registados no Quadro 12 indicam que o efeito significativo do meio de envasamento em todas as fases de crescimento no comprimento da raiz axial das plântulas de descendência.

O maior comprimento da raiz principal das mudas de enxerto foi registrado em M_2 - Cocopeat @ 75 % + Vermicomposto @ 25 % aos 7 DAG (3.13 cm), 14 DAG (3.53 cm), 21 DAG (3.85 cm), 28 DAG (4.37 cm), 35 DAG (4.83 cm) e 42 DAG (5.33 cm). O que foi igual ao M_1 - Cocopeat @ 100 % (2,43 cm) aos 7 DAG e M_3 - Cocopeat @ 75 % + casca de arroz @ 25 % aos 7

Quadro 12: Efeito da esterilização e de diferentes meios de envasamento no comprimento da raiz axial das plântulas de enxerto (cm)

Tratamento	Comprimento da raiz axial das plântulas de enxerto (cm)														
	7 DAG					14 DAG					21 DAG				
	M_1	M_2	M_3	M_4	Média	M_1	M_2	M_3	M_4	Média	M_1	M_2	M_3	M_4	Média
S_0	2.05	3.10	2.83	1.97	**2.49**	2.63	3.40	2.90	2.53	**2.87**	3.24	3.57	3.38	2.83	**3.26**
S_1	2.82	3.15	3.03	2.20	**2.80**	3.17	3.66	3.30	2.93	**3.27**	3.77	4.13	3.47	3.27	**3.66**
Média	**2.43**	**3.13**	**2.93**	**2.08**	**2.64**	**2.90**	**3.53**	**3.10**	**2.73**	**3.07**	**3.51**	**3.85**	**3.43**	**3.05**	**3.46**
	RES	**SEm±**		**CD a 5%**		**RES**	**SEm±**		**CD a 5%**		**RES**	**SEm±**		**CD a 5%**	
S	NS	**0.14**		**0.82**		SIG	**0.04**		**0.27**		SIG	**0.06**		**0.35**	
M	SIG	**0.23**		**0.72**		SIG	**0.17**		**0.52**		SIG	**0.06**		**0.19**	
S X M	NS	**0.33**		-		NS	**0.24**		-		NS	**0.09**		-	

Tratamento	28 DAG					35 DAG					42 DAG				
	M_1	M_2	M_3	M_4	Média	M_1	M_2	M_3	M_4	Média	M_1	M_2	M_3	M_4	Média
S_0	3.90	4.35	3.97	3.40	**3.90**	4.00	4.80	4.56	3.79	**4.29**	4.80	5.32	4.85	4.25	**4.80**
S_1	4.07	4.40	4.30	3.47	**4.06**	4.47	4.87	4.76	3.94	**4.51**	4.88	5.33	5.23	4.40	**4.96**
Média	**3.98**	**4.37**	**4.13**	**3.43**	**3.98**	**4.24**	**4.83**	**4.66**	**3.86**	**4.40**	**4.84**	**5.33**	**5.04**	**4.33**	**4.88**
	RES	**SEm±**		**CD a 5%**		**RES**	**SEm±**		**CD a 5%**		**RES**	**SEm±**		**CD a 5%**	
S	SIG	**0.01**		**0.06**		SIG	**0.03**		**0.19**		SIG	**0.03**		**0.16**	
M	SIG	**0.05**		**0.15**		SIG	**0.11**		**0.35**		SIG	**0.05**		**0.15**	
S X M	NS	**0.07**		-		NS	**0.16**		-		NS	**0.07**		-	

Esterilização de meios de envasamento	Meios de envasamento

S_0 - Meios não esterilizados S_1 - Meios esterilizados	M_1 - Cocopeat (100 %) M_2 - Cocopeat (75 %) + Vermicomposto (25 %) M_3 - Casca de coco (75 %) + Casca de arroz (25 %) M_4 - Casca de coco (75 %) + Pó de serra (25 %)

DAG (2,93 cm), 14 DAG (3,10 cm) e 35 DAG (4,66 cm). O comprimento mínimo da raiz principal das mudas de enxerto foi relatado em M_4 - Cocopeat @ 75% + Pó de serra @ 25 % aos 7 DAG (2,08 cm), 14 DAG (2,73 cm), 21 DAG (3,05 cm), 28 DAG (3,43 cm), 35 DAG (3,86 cm) e 42 DAG (4,33 cm).

Efeito da interação (S x M)

O efeito da interação (S x M) no comprimento da raiz axial das plântulas de enxerto foi variável e não significativo em todas as fases.

Aos 7, 14, 21, 28, 35 e 42 DAG observou-se o comprimento máximo da raiz principal das plântulas de rebento em S M_{12} i.e. 3.15 cm, 3.66 cm, 4.13 cm, 4.40 cm, 4.87 cm e 5.33 cm respetivamente, que foi superior a todas as outras combinações de tratamento. O comprimento mínimo da raiz principal das mudas de enxerto foi registrado em S M_{14} aos 7 DAG (1,97 cm), 14 DAG (2,53 cm), 21 DAG (2,83 cm), 28 DAG (3,40 cm), 35 DAG (3,79 cm) e 42 DAG (4,25 cm).

O comprimento da raiz axial das plântulas de rebento foi maior nos meios de envasamento esterilizados, o que pode ser devido à diferença de porosidade, arejamento e disponibilidade de fósforo do que nos meios de envasamento não esterilizados.

O comprimento máximo da raiz principal das mudas de enxerto foi registrado em M_2 - Cocopeat @ 75 % + Vermicomposto @ 25 % pode ser devido ao meio ser sinérgico, uma vez que o cocopeat melhora a aeração e a retenção de água, enquanto o vermicomposto aumenta a fertilidade também foi relatado por Razzak *et al.* (2018) em pimenta, pepino e abóbora de verão.

O comprimento máximo da raiz axial na combinação de tratamento S M_{12} pode ser devido ao vermicomposto com cocopeat melhorar a agregação do meio e o fluxo de ar no meio, este tipo de condição fornece suporte para o rápido crescimento das mudas devido à disponibilidade de melhor nutrição com água e ar na zona radicular. Os resultados foram concordantes com Unal *et al.* (2013) em tomate e discordantes com Vivek e Duraisamy (2017) em tomate.

4.2.11 Número de raízes adventícias das plântulas dos porta-enxertos

O número de raízes adventícias das plântulas dos porta-enxertos é um parâmetro importante na enxertia porque influencia a qualidade do porta-enxerto e a tolerância ao stress biótico e abiótico.

Quadro 13: Efeito da esterilização e de diferentes meios de envasamento no número de raízes adventícias das plântulas dos porta-enxertos

Tratamento	Número de raízes adventícias das plântulas dos porta-enxertos																			
	7 DAG					14 DAG					21 DAG					28 DAG				
	M_1	M_2	M_3	M_4	Média	M_1	M_2	M_3	M_4	Média	M_1	M_2	M_3	M_4	Média	M_1	M_2	M_3	M_4	Média
S_0	2.15	2.93	2.33	2.53	**2.49**	3.33	3.67	3.63	3.40	**3.51**	6.07	6.93	6.13	6.23	**6.34**	7.00	8.67	8.27	7.80	**7.93**
S_1	2.80	3.73	2.70	3.07	**3.07**	3.70	4.87	3.63	3.77	**3.99**	6.53	7.53	6.60	6.90	**6.89**	8.20	8.73	8.40	7.87	**8.30**
Média	**2.48**	**3.33**	**2.53**	**2.77**	**2.78**	**3.52**	**4.27**	**3.63**	**3.58**	**3.75**	**6.30**	**7.23**	**6.37**	**6.57**	**6.62**	**7.60**	**8.70**	**8.33**	**7.83**	**8.12**
	RES	SEm±		CD a 5%		RES	SEm±		CD a 5%		RES	SEm±		CD a 5%		RES	SEm±		CD a 5%	
S	NS	**0.16**		-		NS	**0.19**		-		SIG	**0.07**		**0.43**		SIG	**0.04**		**0.24**	
M	NS	**0.22**		-		NS	**0.24**		-		SIG	**0.09**		**0.29**		SIG	**0.09**		**0.28**	
S X M	NS	**0.31**		-		NS	**0.34**		-		NS	**0.13**		-		SIG	**0.13**		**0.39**	

Tratamento	35 DAG					42 DAG					49 DAG				
	M_1	M_2	M_3	M_4	Média	M_1	M_2	M_3	M_4	Média	M_1	M_2	M_3	M_4	Média
S_0	8.20	10.27	9.87	8.80	**9.28**	9.53	11.03	10.77	9.57	**10.23**	17.40	23.33	21.80	20.00	**20.63**
S_1	9.47	10.67	9.63	9.27	**9.76**	9.80	11.83	10.80	10.60	**10.76**	22.07	29.93	23.07	20.87	**23.98**
Média	**8.83**	**10.47**	**9.75**	**9.03**	**9.52**	**9.67**	**11.43**	**10.78**	**10.08**	**10.49**	**19.73**	**26.63**	**22.43**	**20.43**	**22.31**
	RES	SEm±		CD a 5%		RES	SEm±		CD a 5%		RES	SEm±		CD a 5%	
S	SIG	**0.07**		**0.43**		SIG	**0.06**		**0.34**		SIG	**0.27**		**1.64**	
M	SIG	**0.06**		**0.19**		SIG	**0.09**		**0.28**		SIG	**0.73**		**2.26**	

S X M	SIG	0.09	0.27	SIG	0.13	0.39	SIG	1.04	3.20

Esterilização de meios de envasamento	Meios de envasamento
S_0 - Meios não esterilizados S_1 - Meios esterilizados	M_1 - Cocopeat (100 %) M_2 - Cocopeat (75 %) + Vermicomposto (25 %) M_3 - Casca de coco (75 %) + Casca de arroz (25 %) M_4 - Casca de coco (75 %) + Pó de serra (25 %)

Os dados relativos ao número de raízes adventícias das plântulas dos porta-enxertos são apresentados no Quadro 13, que mostra que o número de raízes adventícias das plântulas dos porta-enxertos aumentou continuamente dos 7 aos 49 DAG.

Efeito da esterilização (S)

Os dados relativos ao efeito da esterilização no meio de envasamento sobre o número de adventícias variaram de forma não significativa aos 7 e 14 DAG, mas significativamente aos 21, 28, 35, 42 e 49 DAG (Quadro 13).

O número máximo de raízes adventícias de mudas de porta-enxerto foi observado em S_1 - Meio de envasamento esterilizado aos 7 DAG (3.07), 14 DAG (3.99), 21 DAG (6.89), 28 DAG (8.30), 35 DAG (9.76), 42 DAG (10.76) e 49 DAG (23.98). Considerando que, o número mínimo de raízes adventícias de plântulas de porta-enxerto foi registado em S_0 - meios não esterilizados aos 7 DAG (2.49), 14 DAG (3.51), 21 DAG (6.34), 28 DAG (7.93), 35 DAG (9.28), 42 DAG (10.23) e 49 DAG (20.63).

Efeito do meio de envasamento (M)

Os dados do efeito do meio de envasamento no número de raízes adventícias não diferiram significativamente aos 7 e 14 DAG, enquanto que variaram significativamente aos 21, 28, 35, 42 e 49 DAG.

O número máximo de raízes adventícias de mudas de porta-enxertos foi registrado em M_2 - Cocopeat @ 75 % + Vermicomposto @ 25 %, ou seja, 3,33 aos 7 DAG, 4,27 aos 14 DAG, 7,23 aos 21 DAG, 8,70 aos 28 DAG, 10,47 aos 35 DAG, 11,43 aos 42 DAG e 26,63 aos 49 DAG, que foi significativamente superior a todos os outros tratamentos. O número mínimo de raízes adventícias de mudas de porta-enxerto foi relatado em M_1 - Cocopeat @ 100 % como 2,48 aos 7

DAG, 3,52 aos 14 DAG, 6,30 aos 21 DAG, 7,60 aos 28 DAG, 8,83 aos 35 DAG, 9,67 aos 42 DAG e 19,73 aos 49 DAG.

Efeito da interação (S x M)

Os dados apresentados na Tabela 13 mostraram efeito não significativo da interação (S x M) aos 7 e 14 DAG e diferiram significativamente aos 21, 28, 35, 42 e 49 DAG.

O maior número de raízes adventícias de mudas de porta-enxerto foi observado em S M_{12} aos 7 DAG (3.73), 14 DAG (4.87), 21 DAG (7.53), 28 DAG (8.73), 35 DAG (10.67), 42 DAG (11.83) e 49 DAG (29.93). O que foi igual a S M_{02} (8.67) e S M_{03} (8.40) aos 28 DAG. O menor número de raízes adventícias de mudas de porta-enxerto foi observado em S M_{01} em 7 DAG (2.15), 14 DAG (3.33), 21 DAG (6.07), 28 DAG (7.00), 35 DAG (8.20), 42 DAG (9.53) e 49 DAG (17.40).

Houve um aumento do número de raízes adventícias nos meios de envasamento esterilizados, talvez devido ao menor pH e CE com menor toxicidade.

O maior número de raízes adventícias de porta-enxertos e mudas de enxerto observado em M_2 - Cocopeat @ 75 % + Vermicomposto @ 25 % pode ser devido ao aumento da disponibilidade do nutriente e da porosidade devido ao vermicomposto. Isso também foi relatado por Rahimi *et al.* (2013) em pimentão.

O número máximo de raízes adventícias na combinação de tratamentos S M_{12} pode ser devido às boas condições físicas e biológicas no cocopeat com vermicomposto. Resultados semelhantes foram dados por Rahimi *et al.* (2013) em pimentão.

4.2.12 Número de raízes adventícias das plântulas de enxerto

Os dados relativos ao número de raízes adventícias das plântulas de enxerto são apresentados no Quadro 14, que mostra que o número de raízes adventícias das plântulas de enxerto aumenta continuamente dos 7 DAG aos 42 DAG.

Efeito da esterilização (S)

O efeito da esterilização no número de raízes adventícias das plântulas de enxerto foi diferente de forma não significativa até aos 14 DAG e depois diferiu significativamente até aos 42 DAG (Quadro 14).

O maior número de raízes adventícias das mudas de enxerto foi observado em S_1 - Meio de envasamento esterilizado aos 7 DAG (4.88), 14 DAG (6.77), 21 DAG (9.48), 28 DAG (12.18), 35 DAG (15.12) e 42 DAG (20.59). Foi observado um número menor de raízes adventícias das mudas do enxerto no S_0 - meio de envasamento não esterilizado aos 7 DAG (4.55), 14 DAG (6.27), 21 DAG (8.17), 28 DAG (11.27), 35 DAG (13.27) e 42 DAG (19.25).

Efeito do meio de envasamento (M)

Os dados explorados na Tabela 14 mostraram que, o número de raízes adventícias de plântulas de enxerto devido à esterilização do meio de envasamento variou de forma não significativa aos 7 e 14 DAG, enquanto que, significativamente aos 21, 28, 35 DAG e 42 DAG.

O número máximo de raízes adventícias foi registado em M_2 - Cocopeat @ 75 % + Vermicomposto @ 25 % aos 7 DAG (5.22), 14 DAG (7.27), 21 DAG (10.27), 28 DAG (13.40), 35 DAG (15.93) e 42 DAG (24.03) que foi significativamente superior a todos os outros tratamentos. O número mínimo de raízes adventícias foi registrado em M_4 - Cocopeat @ 75 % + pó de serra @ 25 % aos 7 DAG (4.30), 14 DAG

(5.87), 21 DAG (8.13), 28 DAG (11.00), 35 DAG (13.13) e 42 DAG (17.93).

Efeito da interação (S x M)

O efeito da interação no número de raízes adventícias das plântulas da descendência variou de forma não significativa aos 7 e 14 DAG, mas significativamente aos 21, 28, 35 e 42 DAG (Quadro 14).

Em S M_{12} registrou-se o maior número de raízes adventícias de mudas de enxerto, ou seja, 5,33, 7,67, 11,13, 14,67, 16,93 e 24,53 aos 7, 14, 21, 28, 35 e 42 DAG, respetivamente, que foi igual a S M_{02} (23,53) aos 42 DAG e significativamente superior a todas as outras combinações de tratamento. O menor número de raízes adventícias de mudas de enxerto foi observado em S M_{04} i.e. 4.20, 5.73, 7.47, 10.53, 11.80 e 16.20 aos 7, 14, 21, 28, 35 e 42 DAG respetivamente.

O número máximo de raízes adventícias do rebento em meios esterilizados pode ser devido à diferença na disponibilidade de condições não tóxicas com ambiente saudável para o crescimento das raízes.

Quadro 14: Efeito da esterilização e de diferentes meios de envasamento no número de raízes adventícias das plântulas de enxerto

Tratamento	Número de raízes adventícias das plântulas de enxerto														
	7 DAG					14 DAG					21 DAG				
	M_1	M_2	M_3	M_4	Média	M_1	M_2	M_3	M_4	Média	M_1	M_2	M_3	M_4	Média
S_0	4.23	5.10	4.67	4.20	**4.55**	6.40	6.87	6.07	5.73	**6.27**	7.67	9.40	8.13	7.47	**8.17**
S_1	4.80	5.33	5.00	4.40	**4.88**	6.80	7.67	6.60	6.00	**6.77**	9.27	11.13	8.73	8.80	**9.48**
Média	**4.51**	**5.22**	**4.83**	**4.30**	**4.72**	**6.60**	**7.27**	**6.33**	**5.87**	**6.52**	**8.47**	**10.27**	**8.43**	**8.13**	**8.83**
	RES	SEm±		CD a 5%		RES	SEm±		CD a 5%		RES	SEm±		CD a 5%	
S	NS	0.30		-		NS	0.22		-		SIG	0.18		1.10	
M	NS	0.23		-		NS	0.41		-		SIG	0.13		0.40	
S X M	NS	0.32		-		NS	0.58		-		SIG	0.18		0.56	
Tratamento	28 DAG					35 DAG					42 DAG				
	M_1	M_2	M_3	M_4	Média	M_1	M_2	M_3	M_4	Média	M_1	M_2	M_3	M_4	Média
S_0	11.07	12.13	11.33	10.53	**11.27**	12.73	14.93	13.60	11.80	**13.27**	17.93	23.53	19.33	16.20	**19.25**
S_1	11.20	14.67	11.37	11.47	**12.18**	14.80	16.93	14.27	14.47	**15.12**	18.83	24.53	19.33	19.67	**20.59**
Média	**11.13**	**13.40**	**11.35**	**11.00**	**11.72**	**13.77**	**15.93**	**13.93**	**13.13**	**14.19**	**18.38**	**24.03**	**19.33**	**17.93**	**19.92**
	RES	SEm±		CD a 5%		RES	SEm±		CD a 5%		RES	SEm±		CD a 5%	
S	SIG	0.12		0.71		SIG	0.15		0.90		SIG	0.11		0.68	
M	SIG	0.28		0.87		SIG	0.21		0.65		SIG	0.25		0.77	
S X M	SIG	0.40		1.23		SIG	0.30		0.92		SIG	0.35		1.09	

Esterilização de meios de envasamento	Meios de envasamento

S_0 - Meios não esterilizados	M_1 - Cocopeat (100 %) M_2 - Cocopeat (75 %) + Vermicomposto (25 %)
S_1 - Meios esterilizados	M_3 - Casca de coco (75 %) + Casca de arroz (25 %) M_4 - Casca de coco (75 %) + Pó de serra (25 %)

O maior número de raízes adventícias de mudas de enxerto observado em M_2 - Cocopeat @ 75 % + Vermicomposto @ 25 % pode ser devido ao aumento da porosidade do vermicomposto e da circulação de ar no meio de envasamento com crescimento saudável. Estes resultados estão em conformidade com as conclusões de trabalhadores anteriores como Rahimi *et al.* (2013) em pimentão.

O número máximo de raízes adventícias em S M_{12} pode ser devido às boas condições físicas e biológicas no cocopeat e o vermicomposto teve um efeito positivo no desenvolvimento das raízes. Resultados semelhantes foram dados por Rahimi *et al.* (2013) em pimentão.

4.2.13 Peso fresco das plântulas dos porta-enxertos (mg)

O peso fresco das plântulas do porta-enxerto indica o teor de água nas plântulas, o que é importante para a união do enxerto.

Os valores do peso fresco das plântulas dos porta-enxertos são apresentados na Tabela 15, que mostra que o peso fresco das plântulas dos porta-enxertos aumentou consistentemente dos 7 aos 49 DAG.

Efeito da esterilização (S)

Os dados apresentados na Tabela 15 mostraram que o efeito não significativo da esterilização do meio de envasamento no peso fresco das plântulas dos porta-enxertos aos 7 e 14 DAG, enquanto que variou significativamente aos 21, 28, 35, 42 e 49 DAG.

O peso fresco máximo das plântulas dos porta-enxertos foi observado em S_1 - Meio de envasamento esterilizado aos 7 DAG (20,57 mg), 14 DAG (24,23 mg), 21 DAG (45,10 mg), 28 DAG (55,09 mg), 35

DAG (108,02 mg), 42 DAG (121,88 mg) e 49 DAG (174,46 mg), que foi significativamente mais suculento do que o meio não esterilizado. Enquanto que, o peso fresco mais baixo das plântulas do porta-enxerto foi registado em S_0 - meios de envasamento não esterilizados aos 7 DAG (14.97 mg), 14 DAG (19.93 mg), 21 DAG (37.22 mg), 28 DAG (38.02 mg), 35 DAG (84.23 mg), 42 DAG (95.32 mg) e 49 DAG (137.19 mg).

Efeito do meio de envasamento (M)

Os dados apresentados na Tabela 15 mostram que o efeito significativo do meio de envasamento no peso fresco das plântulas dos porta-enxertos aos 14, 21, 28, 35, 42 e 49 DAG e variou de forma não significativa nos estágios iniciais (7 DAG).

O maior peso fresco das mudas de porta-enxerto foi registado em M_2 - Cocopeat @ 75 % + Vermicomposto @ 25 % aos 7 DAG (22.72 mg), 14 DAG (33.17 mg), 21 DAG (67.75 mg), 28 DAG (74.58 mg), 35 DAG (143 mg), 42 DAG (160.45 mg) e 49 DAG (206.45 mg) e significativamente superior a todos os outros tratamentos. Considerando que, o peso fresco mais baixo das mudas de porta-enxerto foi registado em M_1 - Cocopeat @ 100 % i.e. 13.77 mg aos 7 DAG, 17.08 mg aos 14 DAG, 28.33 aos 21 DAG, 27.35 mg aos 28 DAG, 69.32 mg aos 35 DAG, 81.87 mg aos 42 DAG e 112.25 mg aos 49 DAG.

Efeito da interação (S x M)

Os dados relativos ao efeito da interação (S x M) diferiram significativamente em todas as fases de crescimento, exceto aos 7 e 14 DAG (Quadro 15).

O peso fresco máximo das plântulas dos porta-enxertos foi registado em S M_{12} aos 7 DAG (26,27 mg), 14 DAG (37,03 mg), 21 DAG (77,17 mg), 28 DAG (99,00 mg), 35 DAG (144,90 mg), 42 DAG (172,90 mg) e 49 DAG (216,03 mg), que foi significativamente superior a todas as outras combinações de tratamento. O peso fresco mínimo das plântulas dos porta-enxertos foi registado em S M_{o1} aos 7 DAG (12,57 mg), 14 DAG (16,70 mg), 21 DAG (23,80 mg), 28 DAG (23,90 mg), 35 DAG (55,40 mg), 42 DAG (72,20 mg) e 49 DAG (105,00 mg).

O peso fresco máximo das plântulas dos porta-enxertos foi registado em S_1 - O meio de envasamento esterilizado pode ser devido ao bom crescimento geral das plântulas.

O peso fresco máximo das plântulas do porta-enxerto foi registado em M_2 - Cocopeat @ 75 % + Vermicomposto @ 25 %, o que pode ser devido ao conteúdo enriquecido de nutrientes no meio, que tem efeito na absorção máxima de nutrientes e água, devido à maior disponibilidade de raízes adventícias. Os presentes resultados foram semelhantes aos resultados de Mathowa *et al.* (2017) em pimentão.

Quadro 15: Efeito da esterilização e de diferentes meios de envasamento no peso fresco das plântulas dos porta-enxertos (mg)

Tratamento	Peso fresco das plântulas dos porta-enxertos (mg)																			
	7 DAG					14 DAG					21 DAG					28 DAG				
	M_1	M_2	M_3	M_4	Média	M_1	M_2	M_3	M_4	Média	M_1	M_2	M_3	M_4	Média	M_1	M_2	M_3	M_4	Média
S_0	12.57	19.17	13.61	14.53	**14.97**	16.70	29.30	17.00	16.73	**19.93**	23.80	58.33	38.23	28.50	**37.22**	23.90	50.17	37.19	40.83	**38.02**
S_1	14.97	26.27	18.20	22.84	**20.57**	17.47	37.03	19.17	23.27	**24.23**	32.87	77.17	41.20	29.18	**45.10**	30.80	99.00	39.80	50.77	**55.09**
Média	13.77	22.72	15.91	18.69	17.77	17.08	33.17	18.08	20.00	22.08	28.33	67.75	39.72	28.84	41.16	27.35	74.58	38.49	45.80	46.56

	RES	SEm±	CD a 5%	RES	SEm±	CD a 5%	RES	SEm±	CD a 5%	RES	SEm±	CD a 5%
S	NS	3.03	-	NS	1.72	-	SIG	0.63	3.80	SIG	2.46	14.97
M	NS	3.47	-	SIG	2.98	9.19	SIG	1.23	3.79	SIG	3.30	10.15
S X M	NS	4.91	-	NS	4.22	-	SIG	1.74	5.36	SIG	4.66	14.36

Tratamento	35 DAG					42 DAG					49 DAG				
	M_1	M_2	M_3	M_4	Média	M_1	M_2	M_3	M_4	Média	M_1	M_2	M_3	M_4	Média
S_0	55.40	141.10	66.13	74.30	**84.23**	72.20	148.00	84.87	76.20	**95.32**	105.00	196.87	121.27	125.63	**137.19**
S_1	83.23	144.90	129.17	74.77	**108.02**	91.53	172.90	106.67	116.43	**121.88**	119.50	216.03	154.23	208.07	**174.46**
Média	69.32	143.00	97.65	74.53	96.13	81.87	160.45	95.77	96.32	108.60	112.25	206.45	137.75	166.85	155.83

	RES	SEm±	CD a 5%	RES	SEm±	CD a 5%	RES	SEm±	CD a 5%
S	SIG	2.72	16.56	SIG	0.34	2.08	SIG	3.32	20.21
M	SIG	1.66	5.12	SIG	1.64	5.07	SIG	4.08	12.56
S X M	SIG	2.35	7.24	SIG	2.33	7.17	SIG	5.77	17.76

Esterilização de meios de envasamento	Meios de envasamento
S_0 - Meios não esterilizados S_1 - Meios esterilizados	M_1 - Cocopeat (100 %) M_2 - Cocopeat (75 %) + Vermicomposto (25 %) M_3 - Casca de coco (75 %) + Casca de arroz (25 %) M_4 - Casca de coco (75 %) + Pó de serra (25 %)

O peso fresco máximo das plântulas dos porta-enxertos em S M_{12} pode dever-se ao maior vigor das plântulas em termos de altura, diâmetro e outros parâmetros de crescimento em estudo. Resultados semelhantes foram também registados por Markovic *et al.* (1995) em pimento e tomate e por Adediran (2005) em tomate e alface.

4.2.14 Peso fresco das plântulas de enxerto (mg)

Os dados relativos ao peso fresco das plântulas de enxerto são apresentados no Quadro 16, onde se verifica que o peso fresco das plântulas de enxerto aumenta continuamente dos 7 aos 42 DAG.

Efeito da esterilização (S)

Os dados apresentados na Tabela 16 mostraram efeito não significativo da esterilização no peso fresco das mudas de enxerto no estágio inicial (7 DAG) e efeito significativo aos 14, 21, 28, 35 e 42 DAG.

O peso fresco máximo das mudas de enxerto foi observado em S_1 - Meio de envasamento esterilizado aos 7 DAG (24,98 mg), 14 DAG (48,20 mg), 21 DAG (78,31 mg), 28 DAG (133,83 mg), 35 DAG (279,41 mg) e 42 DAG (351,63 mg). Enquanto que o peso fresco mínimo das plântulas do rebento foi registado em S_0 - meios de envasamento não esterilizados aos 7 DAG (19.63 mg), 14 DAG (35.76 mg), 21 DAG (64.92 mg), 28 DAG (96.74 mg), 35 DAG (214.06 mg) e 42 DAG (276.17 mg).

Efeito do meio de envasamento (M)

Foi registado um efeito significativo do meio de envasamento no peso fresco das plântulas de enxerto em todas as fases de crescimento (Quadro 16).

Um peso fresco significativamente maior das mudas de enxerto foi registrado em M_2 - Cocopeat @ 75 % + Vermicomposto @ 25 % i.e. 36.82 mg aos 7 DAG, 60.70 mg aos 14 DAG, 86.38 mg aos 21 DAG, 167.95 mg aos 28 DAG, 426.80 mg aos 35 DAG e 581.48 mg DAG aos

42 DAG. Enquanto isso, o menor peso fresco de mudas de enxerto foi relatado em M₄ - Cocopeat @ 75 % + pó de serra @ 25 % como 17,05 mg aos 7 DAG, 30,01 mg aos 14 DAG, 58,62 mg aos 21 DAG, 79,22 mg aos 28 DAG, 141,35 mg aos 35 DAG e 201,67 mg aos 42 DAG.

Quadro 16: Efeito da esterilização e de diferentes meios de envasamento no peso fresco das plântulas de enxerto (mg)

Tratamento	Peso fresco das plântulas de enxerto (mg)														
	7 DAG					14 DAG					21 DAG				
	M_1	M_2	M_3	M_4	Média	M_1	M_2	M_3	M_4	Média	M_1	M_2	M_3	M_4	Média
S_0	17.59	28.00	16.70	16.23	**19.63**	42.54	45.77	27.43	27.31	**35.76**	62.93	79.80	63.10	53.83	**64.92**
S_1	18.00	45.64	18.43	17.87	**24.98**	47.85	75.63	36.62	32.70	**48.20**	78.73	92.97	78.13	63.40	**78.31**
Média	**17.79**	**36.82**	**17.57**	**17.05**	**22.31**	**45.20**	**60.70**	**32.02**	**30.01**	**41.98**	**70.83**	**86.38**	**70.62**	**58.62**	**71.61**
	RES	SEm±		CD a 5%		RES	SEm±		CD a 5%		RES	SEm±		CD a 5%	
S	NS	1.99		-		SIG	1.52		9.27		SIG	1.02		6.24	
M	SIG	2.87		8.84		SIG	1.70		5.23		SIG	0.70		2.15	
S X M	NS	4.06		-		SIG	2.40		7.40		SIG	0.99		3.05	
Tratamento	28 DAG					35 DAG					42 DAG				
	M_1	M_2	M_3	M_4	Média	M_1	M_2	M_3	M_4	Média	M_1	M_2	M_3	M_4	Média
S_0	78.37	167.97	77.22	63.40	**96.74**	149.57	398.53	182.80	125.33	**214.06**	156.13	571.97	234.90	141.67	**276.17**
S_1	154.66	167.93	117.70	95.03	**133.83**	288.80	455.07	216.42	157.37	**279.41**	295.00	591.00	258.83	261.67	**351.63**
Média	**116.51**	**167.95**	**97.46**	**79.22**	**115.29**	**219.18**	**426.80**	**199.61**	**141.35**	**246.74**	**225.57**	**581.48**	**246.87**	**201.67**	**313.90**
	RES	SEm±		CD a 5%		RES	SEm±		CD a 5%		RES	SEm±		CD a 5%	
S	SIG	2.03		12.37		SIG	6.72		40.88		SIG	11.52		70.11	
M	SIG	4.28		13.18		SIG	8.92		27.47		SIG	9.06		27.92	
S X M	SIG	6.05		18.65		SIG	12.61		38.84		SIG	12.82		39.48	

Esterilização de meios de envasamento	Meios de envasamento
S_0 - Meios não esterilizados S_1 - Meios esterilizados	M_1 - Cocopeat (100 %) M_2 - Cocopeat (75 %) + Vermicomposto (25 %) M_3 - Cocopeat (75 %) + Casca de arroz (25 %) M_4 - Cocopeat (75 %) + Pó de serra (25 %)

Efeito da interação (S x M)

O peso fresco das plântulas do rebento variou significativamente devido ao efeito da interação (S x M) em todas as fases de crescimento, exceto aos 7 DAG (Quadro 16).

Observou-se um peso fresco significativamente mais elevado das plântulas do rebento em S M_{12} aos 7 DAG (45,64 mg), 14 DAG (75,63 mg), 21 DAG (92,97 mg), 28 DAG (167,93 mg), 35 DAG (455,07 mg) e 42 DAG (591,00 mg), que foi igual a S M_{02} aos 28 DAG (167,97 mg) e 42 DAG (571,97 mg). O peso fresco das plântulas do rebento registado em S M_{04} foi mais baixo em todas as fases de crescimento, ou seja, 16,23 mg, 27,31 mg, 53,83 mg, 63,40 mg, 125,33 mg e 141,67 mg aos 7, 14, 21, 28, 35 e 42 DAG, respetivamente.

O peso fresco máximo das plântulas do rebento foi registado em S_1 - O meio de envasamento esterilizado pode ser devido ao bom crescimento e desenvolvimento das plântulas.

O peso fresco máximo das plântulas do rebento foi registado no tratamento M_2 - Cocopeat @ 75 % + Vermicomposto @ 25 %, o que pode ser devido ao aumento da absorção de água e nutrientes pelas plântulas. O mesmo foi constatado por Demir *et al.* (2010) em pimenta.

O peso fresco máximo das plântulas do rebento na combinação de tratamentos S M_{12} pode ser devido ao maior vigor das plântulas em termos de altura, diâmetro e outros parâmetros de crescimento em estudo. Resultados semelhantes também foram registados por Rahimi *et al.* (2013) em pimenta.

4.2.15 Peso seco das plântulas dos porta-enxertos (mg)

O peso seco das plântulas é o conteúdo de matéria seca nas plântulas que foi diretamente proporcional à absorção de nutrientes e à saúde das plântulas. Os dados relativos ao peso seco das plântulas dos porta-enxertos são apresentados no Quadro 17, que mostra que o peso seco das plântulas dos porta-enxertos variou consistentemente dos 7 aos 49 DAG.

Efeito da esterilização (S)

Os dados registados no Quadro 17 revelaram que a esterilização do meio de envasamento teve um efeito significativo no peso seco das plântulas dos porta-enxertos em todas as fases de crescimento, mas variou de forma não significativa aos 7 DAG.

O peso seco significativamente máximo das mudas de porta-enxerto foi registrado em S_1 - Meio de envasamento esterilizado 0,89 mg aos 7 DAG, 1,16 mg aos 14 DAG, 1,86 mg aos 21 DAG, 2,47 mg aos 28 DAG, 7,04 mg aos 35 DAG, 8,23 mg aos 42 DAG e 18,83 mg aos 49 DAG. Enquanto que o peso seco mínimo das plântulas dos porta-enxertos foi observado no S_0 - meio de envasamento não esterilizado aos 7 DAG (0,67 mg), 14 DAG (0,85 mg), 21 DAG (1,06 mg), 28 DAG (1,60 mg), 35 DAG (5,50 mg), 42 DAG (6,55 mg) e 49 DAG (14,54 mg).

Efeito do meio de envasamento (M)

Os dados apresentados no Quadro 17 mostram que houve um efeito significativo do meio de envasamento no peso seco das plântulas dos porta-enxertos em todas as fases de crescimento.

O peso seco significativamente máximo de plântulas de porta-enxertos foi registado em M_2 - Cocopeat @ 75 % + Vermicomposto @ 25 % aos 7 DAG (1.32 mg), 14 DAG (1.83 mg), 21 DAG (2.50 mg), 28 DAG (2.87 mg), 35 DAG (10.43 mg), 42 DAG (12.05 mg) e 49 DAG (23.92

mg) que foi superior a todos os outros tratamentos. Enquanto isso, o menor peso seco de mudas de porta-enxerto foi observado em M_1 - Cocopeat @ 100 % aos 7 DAG (0,48 mg), 14 DAG (0,62 mg), 21 DAG (0,93 mg), 28 DAG (1,32 mg), 35 DAG (4,25 mg), 42 DAG (5,25 mg) e 49 DAG (12,33 mg).

Efeito da interação (S x M)

Os valores no Quadro 17 mostram que o efeito da interação no peso seco das plântulas dos porta-enxertos variou significativamente em todas as fases mas não significativamente aos 7 DAG.

O peso seco máximo das plântulas dos porta-enxertos foi registado em S M_{12} aos 7 DAG (1,57 mg), 14 DAG (2,10 mg), 21 DAG (3,33 mg), 28 DAG

Quadro 17: Efeito da esterilização e de diferentes meios de envasamento no peso seco das plântulas dos porta-enxertos (mg)

Tratamento	Peso seco das plântulas dos porta-enxertos (mg)																			
	7 DAG					14 DAG					21 DAG					28 DAG				
	M₁	M₂	M₃	M₄	Média	M₁	M₂	M₃	M₄	Média	M₁	M₂	M₃	M₄	Média	M₁	M₂	M₃	M₄	Média
S₀	0.40	1.07	0.60	0.60	**0.67**	0.47	1.56	0.70	0.67	**0.85**	0.60	1.67	0.80	1.17	**1.06**	1.17	1.93	1.33	1.97	**1.60**
S₁	0.57	1.57	0.83	0.60	**0.89**	0.77	2.10	0.83	0.93	**1.16**	1.27	3.33	1.47	1.37	**1.86**	1.47	3.80	1.77	2.83	**2.47**
Média	**0.48**	**1.32**	**0.72**	**0.60**	**0.78**	**0.62**	**1.83**	**0.77**	**0.80**	**1.00**	**0.93**	**2.50**	**1.13**	**1.27**	**1.46**	**1.32**	**2.87**	**1.55**	**2.40**	**2.03**

	RES	SEm±		CD a 5%		RES	SEm±		CD a 5%		RES	SEm±		CD a 5%		RES	SEm±		CD a 5%	
S	NS	0.10		-		SIG	0.02		0.09		SIG	0.12		0.72		SIG	0.05		0.29	
M	SIG	0.11		0.34		SIG	0.03		0.11		SIG	0.11		0.34		SIG	0.11		0.34	
S X M	NS	0.16		-		SIG	0.05		0.15		SIG	0.16		0.48		SIG	0.16		0.48	

Tratamento	35 DAG					42 DAG					49 DAG				
	M₁	M₂	M₃	M₄	Média	M₁	M₂	M₃	M₄	Média	M₁	M₂	M₃	M₄	Média
S₀	3.10	9.07	5.43	4.40	**5.50**	4.99	10.03	5.30	5.87	**6.55**	10.93	19.73	14.03	13.47	**14.54**
S₁	5.40	11.80	5.00	5.97	**7.04**	5.50	14.07	6.27	7.07	**8.23**	13.73	28.10	16.07	17.43	**18.83**
Média	**4.25**	**10.43**	**5.22**	**5.18**	**6.27**	**5.25**	**12.05**	**5.78**	**6.47**	**7.39**	**12.33**	**23.92**	**15.05**	**15.45**	**16.69**

	RES	SEm±		CD a 5%		RES	SEm±		CD a 5%		RES	SEm±		CD a 5%	
S	SIG	0.06		0.37		SIG	0.24		1.44		SIG	0.46		2.83	
M	SIG	0.25		0.77		SIG	0.18		0.56		SIG	1.01		3.12	
S X M	SIG	0.35		1.08		SIG	0.26		0.80		NS	1.43		4.41	

Esterilização de meios de envasamento	Meios de envasamento
S_0 - Meios não esterilizados S_1 - Meios esterilizados	M_1 - Cocopeat (100 %) M_2 - Cocopeat (75 %) + Vermicomposto (25 %) M_3 - Casca de coco (75 %) + Casca de arroz (25 %) M_4 - Casca de coco (75 %) + Pó de serra (25 %)

(3,80 mg), 35 DAG (11,80 mg), 42 DAG (14,07 mg) e 49 DAG (28,10 mg), que foi significativamente superior às outras combinações de tratamento. O peso seco mínimo das plântulas dos porta-enxertos foi registado em S M_{01} aos 7 DAG (0,40 mg), 14 DAG (0,47 mg), 21 DAG (0,60 mg), 28 DAG (1,17 mg), 35 DAG (3,10 mg), 42 DAG (4,99 mg) e 49 DAG (10,93 mg).

O conteúdo máximo de matéria seca no meio de envasamento esterilizado pode ser devido ao aumento do conteúdo de matéria seca devido ao crescimento acelerado das plântulas.

O peso seco máximo das plântulas do porta-enxerto em M_2 - Cocopeat @ 75% + Vermicomposto @ 25% pode ser devido ao aumento do conteúdo seco devido ao aumento da absorção de nutrientes efectuada pelo vermicomposto, que também aumentou o acúmulo de fotossíntese. Resultados semelhantes foram dados por Bantie *et al.* (2020) em mudas de enxerto de melancia e porta-enxerto de abóbora.

O peso seco máximo das plântulas dos porta-enxertos foi registado em S M_{12} pode ser devido ao vermicomposto que aumentou a eficiência do uso da luz e o crescimento geral das plântulas, o que dá um aumento do peso seco das plântulas, o que também foi dado por Dagan e Aback (2003) em pimenta.

4.2.16 Peso seco das plântulas de enxerto (mg)

O teor de matéria seca nas plântulas de enxerto é importante para a rápida cicatrização e união do enxerto.

Os dados relativos ao peso seco das plântulas de enxerto são apresentados no Quadro 18, que indica que o peso seco das plântulas de enxerto aumentou continuamente dos 7 aos 42 DAG.

Efeito da esterilização (S)

Os valores na Tabela 18 mostraram que, o efeito da esterilização no meio de envasamento no peso seco das plântulas de enxerto variou de forma não significativa aos 7 DAG e significativamente aos 14, 21, 28, 35 e 42 DAG.

O maior peso seco das plântulas do rebento foi registado no S_1 - Meio de envasamento esterilizado aos 7 DAG (0,92 mg), 14 DAG (1,69 mg), 21 DAG (4,28 mg), 28 DAG (9,99 mg), 35 DAG (16,43 mg) e 42 DAG (25,87 mg).

Tabela 18: Efeito da esterilização e de diferentes meios de envasamento no peso seco das plântulas de enxerto (mg)

Tratamento	Peso seco das plântulas de enxerto (mg)														
	7 DAG					14 DAG					21 DAG				
	M_1	M_2	M_3	M_4	Média	M_1	M_2	M_3	M_4	Média	M_1	M_2	M_3	M_4	Média
S_0	0.40	1.17	0.67	0.30	**0.63**	1.30	2.10	1.33	0.77	**1.38**	2.57	4.93	2.70	2.03	**3.06**
S_1	0.80	1.50	0.77	0.60	**0.92**	1.50	2.27	1.97	1.03	**1.69**	4.20	6.50	3.47	2.97	**4.28**
Média	**0.60**	**1.33**	**0.72**	**0.45**	**0.78**	**1.40**	**2.18**	**1.65**	**0.90**	**1.53**	**3.38**	**5.72**	**3.08**	**2.50**	**3.67**
	RES	SEm±		CD a 5%		RES	SEm±		CD a 5%		RES	SEm±		CD a 5%	
S	NS	0.07		-		SIG	0.03		0.20		SIG	0.16		0.99	
M	SIG	0.13		0.41		SIG	0.06		0.17		SIG	0.10		0.32	
S X M	NS	0.19		-		SIG	0.08		0.25		SIG	0.15		0.46	
Tratamento	28 DAG					35 DAG					42 DAG				
	M_1	M_2	M_3	M_4	Média	M_1	M_2	M_3	M_4	Média	M_1	M_2	M_3	M_4	Média
S_0	9.23	12.60	5.90	7.07	**8.70**	10.67	15.69	14.36	7.67	**12.10**	14.73	27.10	18.55	14.37	**18.69**
S_1	11.03	13.27	7.30	8.37	**9.99**	15.28	27.87	15.17	7.40	**16.43**	23.77	37.65	21.20	20.87	**25.87**
Média	**10.13**	**12.93**	**6.60**	**7.72**	**9.35**	**12.98**	**21.78**	**14.76**	**7.53**	**14.26**	**19.25**	**32.38**	**19.88**	**17.62**	**22.28**
	RES	SEm±		CD a 5%		RES	SEm±		CD a 5%		RES	SEm±		CD a 5%	
S	SIG	0.05		0.29		SIG	0.39		2.38		SIG	0.07		0.45	
M	SIG	0.12		0.38		SIG	0.56		1.72		SIG	0.89		2.75	
S X M	SIG	0.18		0.54		SIG	0.79		2.44		SIG	1.26		3.89	

Esterilização de meios de envasamento	Meios de envasamento
S_0 - Meios não esterilizados S_1 - Meios esterilizados	M_1 - Cocopeat (100 %) M_2 - Cocopeat (75 %) + Vermicomposto (25 %) M_3 - Casca de coco (75 %) + Casca de arroz (25 %) M_4 - Casca de coco (75 %) + Pó de serra (25 %)

O peso seco mais baixo das plântulas de enxerto foi observado em S_0 - meios de envasamento não esterilizados aos 7 DAG (0,63 mg), 14 DAG (1,38 mg), 21 DAG (3,06 mg), 28 DAG (8,70 mg), 35 DAG (12,10 mg) e 42 DAG (18,69 mg).

Efeito do meio de envasamento (M)

Os dados do efeito do meio de envasamento no Quadro 18 mostram que o efeito significativo do meio de envasamento no peso seco das plântulas de rebento em todas as fases de crescimento.

O peso seco significativamente maior das mudas de enxerto foi registado em M_2 - Cocopeat @ 75 % + Vermicomposto @ 25 % i.e. 1.33 mg aos 7 DAG, 2.18 mg aos 14 DAG, 5.72 mg aos 21 DAG, 12.93 mg aos 28 DAG, 21.78 mg aos 35 DAG e 32.38 mg aos 42 DAG que foi superior a todas as outras combinações de meios. Enquanto que, menos peso seco de mudas de enxerto foi registrado em M_4 - Cocopeat @ 75 % + Pó de serra @ 25 % 0.45 mg aos 7 DAG, 0.90 mg aos 14 DAG, 2.50 mg aos 21 DAG, 7.72 mg aos 28 DAG, 7.53 mg aos 35 DAG e 17.62 mg aos 42 DAG.

Efeito da interação (S x M)

O efeito da interação (S x M) no peso seco das plântulas do enxerto foi significativo em todas as fases de crescimento, não tendo variado significativamente aos 7 DAG (Quadro 18).

O peso seco significativamente mais elevado das plântulas de enxerto foi observado em $S M_{12}$ i.e. 1.50 mg, 2.27 mg, 6.50 mg, 13.27 mg, 27.87 mg e 37.65 mg aos 7, 14, 21, 28, 35 e 42 DAG respetivamente. Foi registado um peso seco menor das plântulas do rebento em $S M_{04}$, ou seja, 0,30 mg aos 7 DAG, 0,77 mg aos 14 DAG, 2,03 mg aos 21 DAG, 7,07 mg aos 28 DAG, 7,67 mg aos 35 DAG e 14,37 mg aos 42 DAG.

O peso seco máximo das plântulas de rebento em S M_{02} e S M_{12} pode ser devido à maior absorção de radiação fotossinteticamente ativa, micro e macro nutrientes, eficiência de utilização da luz e taxa fotossintética, o que resultou numa melhoria significativa da produção de matéria seca.

Estes resultados também são corroborados por Atiyeh *et al.* (2000) observados em tomate, Dagan e Aback (2003) em pimento, Adediran (2005) em tomate e alface, Nadia *et al.* (2007) em tomate e Bantie *et al.* (2020) em plântulas de enxerto de melancia e porta-enxertos de abóbora.

4.2.17 Taxa de crescimento absoluto da altura das plântulas dos porta-enxertos (cm/dia)

Efeito da AGR das plântulas do porta-enxerto no número de dias necessários para a fase enxertável.

Os dados registados no Quadro 19 mostram um aumento constante da RFA das plântulas dos porta-enxertos dos 7 aos 49 DAG.

Efeito da esterilização (S)

Os dados apresentados na Tabela 19 mostraram que, não há efeito significativo da esterilização no meio de envasamento na AGR de mudas de porta-enxerto em todos os estágios de crescimento e variou significativamente em 21-28 e 42-49 DAG.

A maior AGR de mudas de porta-enxerto foi observada em S_0 - Meio de envasamento não esterilizado em 7-14 DAG (0.12 cm/dia) e 14-21 DAG (0.13 cm/dia) enquanto em (S_1) meio de envasamento esterilizado em 21-28 DAG (0.19 cm/dia), 28-35 DAG (0.26 cm/dia), 35-42 DAG (0.26 cm/dia) e 42-49 DAG (0.40 cm/dia). A menor AGR de mudas de porta-enxerto foi registada em S_1 - Meio de envasamento esterilizado, ou seja, 0,08 cm/dia entre 7-14 DAG e 0,13 cm/dia em

14-21 DAG, além de S_0 - Meio de envasamento não esterilizado em 21-28 DAG (0,14 cm/dia), 28-35 DAG (0,21 cm/dia), 35-42 DAG (0,22 cm/dia) e 42-49 DAG (0,23 cm/dia).

Efeito do meio de envasamento (M)

Os dados mostraram que o efeito do meio de envasamento na AGR das plântulas dos porta-enxertos variou de forma não significativa entre 7-14 DAG, 14-21 DAG, 21-28 DAG, 28-35 DAG, 35-42 DAG e 42-49 DAG (Quadro 19).

A AGR das mudas dos porta-enxertos foi maior no M_2 - Cocopeat @ 75 % + Vermicomposto @ 25 % entre 7-14 DAG (0,12 cm/dia),

Quadro 19: Efeito da esterilização e de diferentes meios de envasamento na taxa de crescimento absoluto da altura das plântulas dos porta-enxertos (cm/dia)

Tratamento	Taxa de crescimento absoluto da altura das plântulas dos porta-enxertos (cm/dia)														
	7-14 DAG					14-21 DAG					21-28 DAG				
	M_1	M_2	M_3	M_4	Média	M_1	M_2	M_3	M_4	Média	M_1	M_2	M_3	M_4	Média
S_0	0.11	0.13	0.10	0.12	**0.12**	0.11	0.17	0.13	0.11	**0.13**	0.12	0.15	0.17	0.14	**0.14**
S_1	0.07	0.12	0.05	0.09	**0.08**	0.09	0.17	0.14	0.10	**0.13**	0.17	0.25	0.18	0.18	**0.19**
Média	**0.09**	**0.12**	**0.08**	**0.11**	**0.10**	**0.10**	**0.17**	**0.13**	**0.10**	**0.13**	**0.15**	**0.20**	**0.17**	**0.16**	**0.17**
	RES	SEm±		CD a 5%		RES	SEm±		CD a 5%		RES	SEm±		CD a 5%	
S	NS	0.01		-		NS	0.001		-		SIG	0.004		0.03	
M	NS	0.01		-		NS	0.02		-		NS	0.02		-	
S X M	NS	0.02		-		NS	0.03		-		NS	0.03		-	
Tratamento	28-35 DAG					35-42 DAG					42-49 DAG				
	M_1	M_2	M_3	M_4	Média	M_1	M_2	M_3	M_4	Média	M_1	M_2	M_3	M_4	Média
S_0	0.12	0.34	0.20	0.16	**0.21**	0.17	0.33	0.18	0.20	**0.22**	0.22	0.25	0.27	0.19	**0.23**
S_1	0.24	0.28	0.25	0.26	**0.26**	0.27	0.28	0.24	0.27	**0.26**	0.41	0.50	0.29	0.39	**0.40**
Média	**0.18**	**0.31**	**0.23**	**0.21**	**0.23**	**0.22**	**0.31**	**0.21**	**0.24**	**0.24**	**0.32**	**0.38**	**0.28**	**0.29**	**0.32**
	RES	SEm±		CD a 5%		RES	SEm±		CD a 5%		RES	SEm±		CD a 5%	
S	NS	0.011		-		NS	0.01		-		SIG	0.02		0.10	
M	NS	0.04		-		NS	0.04		-		NS	0.07		-	
S X M	NS	0.06		-		NS	0.06		-		NS	0.09		-	

Esterilização de meios de envasamento	Meios de envasamento

S_0 - Meios não esterilizados S_1 - Meios esterilizados	M_1 - Cocopeat (100 %) M_2 - Cocopeat (75 %) + Vermicomposto (25 %) M_3 - Casca de coco (75 %) + Casca de arroz (25 %) M_4 - Casca de coco (75 %) + Pó de serra (25 %)

14-21 DAG (0,17 cm/dia), 21-28 DAG (0,20 cm/dia), 28-35 DAG (0,31 cm/dia), 35-42 DAG (0,31 cm/dia) e 42-49 DAG (0,38 cm/dia). A menor AGR das mudas de porta-enxerto foi registrada em M_1 - Cocopeat @ 100 % entre 14-21 DAG e M_4 - Cocopeat @ 75 % + Pó de serra @ 25 % (0,10 cm/dia), 21-28 DAG (0.15 cm/dia) e 28-35 DAG (0,18 cm/dia) e em M_3 - Cocopeat @ 75 % + Casca de arroz @ 25 % entre 7-14 DAG (0,08 cm/dia), 35-42 DAG (0,21 cm/dia) e 42-49 DAG (0,28 cm/dia).

Efeito da interação (S x M)

Os dados apresentados no Quadro 19 mostram que, houve um efeito não significativo da interação (S x M) em todas as fases de crescimento.

A maior AGR das plântulas dos porta-enxertos foi registada em S M_{02} entre 7-14 DAG (0,13 cm/dia), 14-21 DAG (0,17 cm/dia), 28-35 (0,34 cm/dia) e 35-42 DAG (0,33 cm/dia) e em S M_{12} entre 21-28 DAG (0,25 cm/dia) e 42-49 DAG (0,50 cm/dia). A menor AGR das mudas do porta-enxerto foi observada em S M_{13} entre 7-14 DAG (0,05 cm/dia) e em S M_{11} 14-21 DAG (0,09 cm/dia) enquanto que, em S M_{01} em 21-28 DAG (0,12 cm/dia), 28-35 DAG (0,12 cm/dia), 35-42 DAG (0,17 cm/dia) e 42-49 DAG (0,19 cm/dia) em S M $_{04}$

O máximo de AGR foi observado em mudas de porta-enxerto em meios esterilizados em vários estágios de crescimento, o que indica que há necessidade de esterilização para um bom crescimento e precocidade para enxertia.

A alta AGR de mudas de porta-enxerto foi registrada em M_2 - Cocopeat @ 75 % + Vermicomposto @ 25 %, S M_{02} e S M_{12} pode ser devido à disponibilidade de condições congênitas como aeração, porosidade, conteúdo de nutrientes e capacidade de retenção de água para uma boa taxa de crescimento em todos os estágios de crescimento. Nirmal, (2019) em malagueta e brinjal também relatou a mesma observação.

4.2.18 Taxa de crescimento absoluto da altura das plântulas de enxerto (cm/dia)

A AGR das plântulas do enxerto e do porta-enxerto é diferente, pelo que se procedeu à sementeira precoce do porta-enxerto, ou seja, a maior AGR das plântulas do enxerto corresponde à circunferência do enxerto e do porta-enxerto.

Os dados relativos à taxa de crescimento absoluto das plântulas de enxerto apresentados na Tabela 20 mostraram um aumento contínuo dos 7 DAG aos 42 DAG.

Efeito da esterilização (S)

A AGR das plântulas de enxerto variou de forma não significativa em todas as fases de crescimento.

A maior AGR das plântulas do rebento foi registada em S_0 - Meio de envasamento não esterilizado entre 7-14 DAG (0,20 cm/dia) e 35-42 DAG (0,47 cm/dia) enquanto que, em S_1 - Meio de envasamento esterilizado 14-21 DAG (0,24 cm/dia), 21-28 DAG (0,45 cm/dia), 28-35 DAG (0,56 cm/dia). Enquanto que, a menor AGR de mudas de enxerto foi registada em S_1 - meios de envasamento esterilizados em 7-14 DAG (0,18 cm/dia) e 35-42 DAG (0,43 cm/dia) enquanto que, em

(S$_0$) meios de envasamento não esterilizados entre 14-21 DAG (0,20 cm/dia), 21-28 DAG (0,24 cm/dia) e 28-35 DAG (0,51 cm/dia).

Efeito do meio de envasamento (M)

Os dados apresentados no Quadro 20 mostram que, houve um efeito significativo do meio de envasamento na AGR das plântulas de enxerto em todas as fases de crescimento.

AGR de mudas de enxerto foi registrado no máximo em M$_2$ - Cocopeat @ 75 % + Vermicomposto @ 25 % entre 7-14 DAG (0.29 cm/dia), 14-21 DAG (0.35 cm/dia), 21-28 DAG (0.47 cm/dia), 28-35 DAG (0.71 cm/dia) e 35-42 DAG (0.55 cm/dia) que foi a par com M$_1$ - Cocopeat @ 100 % entre 21-28 DAG (0.39 cm/dia) e 35-42 DAG (0.43 cm/dia). A AGR mínima das mudas do rebento foi registrada entre 7-14 DAG (0,15 cm/dia) em M$_1$ - Cocopeat @ 100 % e M$_3$ - Cocopeat @ 75 % + casca de arroz @ 25 % enquanto que, entre 14-21 DAG

Tabela 20: Efeito da esterilização e de diferentes meios de envasamento na taxa de crescimento absoluto da altura das plântulas de enxerto (cm/dia)

Tratamento	Taxa de crescimento absoluto da altura das plântulas de enxerto (cm/dia)														
	7-14 DAG					14-21 DAG					21-28 DAG				
	M_1	M_2	M_3	M_4	Média	M_1	M_2	M_3	M_4	Média	M_1	M_2	M_3	M_4	Média
S_0	0.16	0.32	0.16	0.16	**0.20**	0.15	0.30	0.17	0.17	**0.20**	0.22	0.35	0.23	0.16	**0.24**
S_1	0.15	0.25	0.15	0.18	**0.18**	0.18	0.40	0.21	0.19	**0.24**	0.57	0.59	0.35	0.28	**0.45**
Média	**0.15**	**0.29**	**0.15**	**0.17**	**0.19**	**0.16**	**0.35**	**0.19**	**0.18**	**0.22**	**0.39**	**0.47**	**0.29**	**0.22**	**0.34**
	RES	SEm±		CD a 5%		RES	SEm±		CD a 5%		RES	SEm±		CD a 5%	
S	NS	**0.022**		-		NS	**0.015**		-		NS	**0.037**		-	
M	SIG	**0.03**		**0.08**		SIG	**0.01**		**0.04**		SIG	**0.05**		**0.14**	
S X M	NS	**0.04**		-		NS	**0.02**		-		NS	**0.07**		-	

Tratamento	28-35 DAG					35-42 DAG				
	M_1	M_2	M_3	M_4	Média	M_1	M_2	M_3	M_4	Média
S_0	0.46	0.77	0.51	0.32	**0.51**	0.46	0.59	0.35	0.46	**0.46**
S_1	0.55	0.64	0.53	0.53	**0.56**	0.41	0.51	0.42	0.38	**0.43**
Média	**0.51**	**0.71**	**0.52**	**0.43**	**0.54**	**0.43**	**0.55**	**0.38**	**0.42**	**0.45**
	RES	SEm±		CD a 5%		RES	SEm±		CD a 5%	
S	NS	**0.079**		-		NS	**0.02**		-	
M	SIG	**0.04**		**0.14**		SIG	**0.04**		**0.12**	
S X M	NS	**0.06**		-		NS	**0.05**		-	

Esterilização de meios de envasamento	Meios de envasamento

122

S_0 - Meios não esterilizados	M_1 - Cocopeat (100 %) M_2 - Cocopeat (75 %) + Vermicomposto (25 %)
S_1 - Meios esterilizados	M_3 - Casca de coco (75 %) + Casca de arroz (25 %) M_4 - Casca de coco (75 %) + Pó de serra (25 %)

(0,16 cm/dia) em M_1 - Cocopeat @ 100 %, 21-28 DAG (0,22 cm/dia) em M_4 - Cocopeat @ 75 % + Pó de serra @ 25 % e 28-35 DAG (0,43 cm/dia) juntamente com 35-42 DAG (0,38 cm/dia) em M_3 - Cocopeat @ 75 % + Casca de arroz @ 25 %.

Efeito da interação (S x M)

Os dados relativos à Tabela 20 registaram que o efeito não significativo da interação (S x M) na AGR das plântulas do rebento aos 7-14 DAG, 14-21 DAG, 21-28 DAG, 28-35 DAG e 35-42 DAG.

A maior AGR de mudas de enxerto foi observada em S M_{02} entre 7-14 DAG (0,32 cm/dia), 28-35 DAG (0,77 cm/dia) e 35-42 DAG (0,59 cm/dia), bem como em S M_{12} entre 14-21 DAG (0,40 cm/dia) e 21-28 DAG (0,59 cm/dia). A menor AGR de mudas de enxerto foi observada em S M_{11} e S M_{13} entre 7-14 DAG (0,15 cm/dia), mas em S M_{11} entre 14-21 DAG (0,15 cm/dia). Aos 21-28 DAG (0,16 cm/dia) e 28-35 DAG (0,32 cm/dia) em S M_{04} enquanto que, aos 35-42 DAG (0,35 cm/dia) em S M_{13}.

O máximo de AGR foi observado em porta-enxertos e mudas de enxerto em meios esterilizados em vários estágios de crescimento, o que indica que há necessidade de esterilização para um bom crescimento e estágio inicial de enxertia.

A alta AGR de mudas de porta-enxerto e enxerto foi registrada em M_2 - Cocopeat @ 75 % + Vermicomposto @ 25 %, S M_{02} e S M_{12} pode ser devido à disponibilidade de nutrientes e boas propriedades físicas em todos os estágios de crescimento. Revelou que, necessidade de vermicomposto com cocopeat para manter alta AGR para enxertia. Nirmal, (2019) em malagueta e brinjal também relatou o mesmo resultado.

4.2.19 Taxa de crescimento relativo da altura das plântulas dos porta-enxertos (cm/cm/dia)

O RGR é a proporção logarítmica da altura das plântulas, que mostra o crescimento relativo entre os tempos, o que indica a fase de enxertia das plântulas do porta-enxerto.

Os dados relativos à taxa de crescimento relativo da altura das plântulas dos porta-enxertos são apresentados no Quadro 21, onde se observa que há mudanças graduais dos 7 aos 49 DAG.

Efeito da esterilização (S)

Os dados apresentados no Quadro 21 mostram que o RGR variou de forma não significativa devido ao efeito da esterilização no meio de envasamento.

O RGR máximo das plântulas dos porta-enxertos foi registado em S_0 - Meio de envasamento não esterilizado entre os 7-14 DAG (0,020 cm/cm/dia) e 14-21 DAG (0.016 cm/cm/dia), mas em S_1 - Meios de envasamento esterilizados entre 21-28 DAG (0,018 cm/cm/dia), 28-35 DAG (0,018 cm/cm/dia), 35-42 DAG (0,014 cm/cm/dia) e 42-49 DAG (0,015 cm/cm/dia).

O RGR mínimo das plântulas dos porta-enxertos foi observado em S_1 - Meio de envasamento esterilizado entre 7-14 DAG (0.013 cm/cm/dia) e 14-21 DAG (0.015 cm/cm/dia), mas em S_0 - Meio de envasamento não esterilizado entre 21-28 DAG (0,014 cm/cm/dia), 28-35 DAG (0,015 cm/cm/dia), 35-42 DAG (0,014 cm/cm/dia) e 42-49 DAG (0,015 cm/cm/dia).

Efeito do meio de envasamento (M)

Os dados do efeito do meio de envasamento na RGR das plântulas dos porta-enxertos variaram de forma não significativa dos 7 aos 49 DAG.

O RGR máximo das mudas de porta-enxerto foi registrado em M_4 - Cocopeat @ 75 % + Pó de serra @ 25 % entre 7-14 DAG (0.019 cm/cm/dia) enquanto em M_3 - Cocopeat @ 75 % + Casca de arroz @ 25 % entre 14-21 DAG (0.018 cm/cm/dia) e 21-28 DAG (0.018 cm/cm/dia). Entre 28-35 DAG (0.018 cm/cm/dia) o RGR máximo foi observado em M_2 - Cocopeat @ 75 % + Vermicomposto @ 25 % mas em M_4 - Cocopeat @ 75 % + Pó de serra @ 25 % e M_1 - Cocopeat @ 100 % entre 35-42 DAG (0.015 cm/cm/dia). Aos 42-49 DAG o RGR máximo (0,017 cm/cm/dia) foi registado em M_1 - Cocopeat @ 100 %.

Quadro 21: Efeito da esterilização e de diferentes meios de envasamento no crescimento relativo da altura das plântulas dos porta-enxertos (cm/cm/dia)

Tratamento	Taxa de crescimento relativo da altura das plântulas dos porta-enxertos (cm/cm/dia)														
	7-14 DAG					14-21 DAG					21-28 DAG				
	M_1	M_2	M_3	M_4	Média	M_1	M_2	M_3	M_4	Média	M_1	M_2	M_3	M_4	Média
S_0	0.023	0.016	0.018	0.021	**0.020**	0.016	0.016	0.017	0.015	**0.016**	0.015	0.011	0.018	0.015	**0.014**
S_1	0.012	0.013	0.009	0.017	**0.013**	0.013	0.015	0.019	0.014	**0.015**	0.020	0.017	0.018	0.019	**0.018**
Média	**0.017**	**0.015**	**0.013**	**0.019**	**0.016**	**0.014**	**0.016**	**0.018**	**0.014**	**0.016**	**0.017**	**0.014**	**0.018**	**0.017**	**0.016**
	RES	SEm±		CD a 5%		RES	SEm±		CD a 5%		RES	SEm±		CD a 5%	
S	NS	0.0016		-		NS	0.0003		-		NS	0.0007		-	
M	NS	0.002		-		NS	0.003		-		NS	0.003		-	
S X M	NS	0.003		-		NS	0.004		-		NS	0.004		-	
Tratamento	28-35 DAG					35-42 DAG					42-49 DAG				
	M_1	M_2	M_3	M_4	Média	M_1	M_2	M_3	M_4	Média	M_1	M_2	M_3	M_4	M_1
S_0	0.011	0.021	0.015	0.014	**0.015**	0.014	0.015	0.012	0.014	**0.014**	0.014	0.017	0.014	0.011	**0.014**
S_1	0.020	0.014	0.019	0.020	**0.018**	0.017	0.012	0.013	0.016	**0.014**	0.020	0.009	0.013	0.017	**0.015**
Média	**0.015**	**0.018**	**0.017**	**0.017**	**0.017**	**0.015**	**0.013**	**0.013**	**0.015**	**0.014**	**0.017**	**0.013**	**0.014**	**0.014**	**0.014**
	RES	SEm±		CD a 5%		RES	SEm±		CD a 5%		RES	SEm±		CD a 5%	
S	NS	0.0007		-		NS	0.0005		-		NS	0.0005		-	
M	NS	0.003		-		NS	0.003		-		NS	0.002		-	
S X M	NS	0.004		-		NS	0.004		-		SIG	0.002		0.01	

Esterilização de meios de envasamento	Meios de envasamento

127

S_0 - Meios não esterilizados S_1 - Meios esterilizados	M_1 - Cocopeat (100 %) M_2 - Cocopeat (75 %) + Vermicomposto (25 %) M_3 - Casca de coco (75 %) + Casca de arroz (25 %) M_4 - Casca de coco (75 %) + Pó de serra (25 %)

O RGR mínimo das mudas de porta-enxerto foi observado entre 7-14 DAG (0.0120 cm/cm/dia) em M_3 - Cocopeat @ 75 % + Casca de arroz @ 25 %, 14-21 DAG (0.014 cm/cm/dia) em M_4 - Cocopeat @ 75 % + Pó de serra @ 25 % e M_1 - Cocopeat @ 100 %, 21-28 DAG (0.014 cm/cm/dia) em M_2 - Cocopeat @ 75 % + Vermicomposto @ 25 %, 28-35 DAG (0.015 cm/cm/dia) em M_1 - Cocopeat @ 100 %, 35-42 DAG (0.013 cm/cm/dia) em M_2 - Cocopeat @ 75 % + Vermicomposto @ 25 % e M_3 - Cocopeat @ 75 % + Casca de arroz @ 25 % e 42-49 DAG (0,013 cm/cm/dia) em M_2 - Cocopeat @ 75 % + Vermicomposto @ 25 %.

Efeito da interação (S x M)

O efeito da interação (S x M) na RGR das plântulas dos porta-enxertos revelou que o efeito da interação não foi significativo até aos 42 DAG e diferiu significativamente nos 42-49 DAG (Quadro 21).

O RGR das plântulas dos porta-enxertos foi registado no máximo em S M_{01} entre 7-14 DAG (0.023 cm/cm/dia), S M_{13} entre 14-21 DAG (0.019 cm/cm/dia), S M_{11} entre 21-28 DAG (0.020 cm/cm/dia), S M_{02} entre 28-35 DAG (0.021 cm/cm/dia), S M_{11} entre 35-42 DAG (0.017 cm/cm/dia) e 42-49 DAG (0,020 cm/cm/dia), que se situa ao mesmo nível que S M_{01} (0,014 cm/cm/dia), S M_{02} (0,017 cm/cm/dia), S M_{03} (0,014 cm/cm/dia), S M_{04} (0,011 cm/cm/dia), S M_{13} (0,013 cm/cm/dia), S M_{14} (0,017 cm/cm/dia).

O RGR mínimo das plântulas dos porta-enxertos foi observado aos 7-14 DAG (0,009 cm/cm/dia) em S $M_{13,}$ 14-21 DAG (0,013 cm/cm/dia) em S $M_{11,}$ 21-28 DAG (0.011 cm/cm/dia) em S $M_{02,}$ 28-35 DAG (0,021 cm/cm/dia) em S $M_{01,}$ 35-42 DAG (0,012 cm/cm/dia) em S M_{03} e S M_{12} enquanto que a 42-49 DAG (0,009 cm/cm/dia) em S $M_{12.}$

O RGR máximo foi registado em diferentes meios de envasamento esterilizados e não esterilizados em determinadas fases de crescimento, o que pode dever-se ao aumento do arejamento e da capacidade de retenção de água nos meios, à disponibilidade de nutrientes essenciais para o crescimento das plantas e à conversão de nutrientes indisponíveis em formas disponíveis através da atividade microbiana. Nirmal, (2019) também registou observações semelhantes.

4.2.20 Taxa de crescimento relativo da altura das plântulas de enxerto (cm/cm/dia)

O RGR das plântulas de enxerto é um parâmetro importante para determinar o número de dias necessários para a fase enxertável.

Os dados relativos ao crescimento relativo da altura das plântulas de enxerto são apresentados no Quadro 22.

Efeito da esterilização (S)

Os dados registados no Quadro 22 mostraram que o efeito da esterilização do meio de envasamento na RGR das plântulas de rebento não foi significativo em todas as fases de crescimento.

O maior RGR das plântulas do rebento foi registado em S_0 - meio de envasamento não esterilizado aos 7-14 DAG (0,034 cm/cm/dia), 28-35 DAG (0,028 cm/cm/dia) e 35-42 DAG (0,018 cm/cm/dia) mas em S_1 - meio de envasamento esterilizado aos 14-21 DAG (0,023 cm/cm/dia) e 21-28 DAG (0,028 cm/cm/dia). O RGR mais baixo das plântulas do rebento foi observado em S_0 - meio de envasamento não esterilizado aos 14-21 DAG (0,022 cm/cm/dia) e 21-28 DAG (0,019 cm/cm/dia) mas em S_1 - meio de envasamento esterilizado 0,027 cm/cm/dia aos 7-14 DAG, 0,024 cm/cm/dia aos 28-35 DAG e 35-42 DAG (0,014 cm/cm/dia).

Efeito do meio de envasamento (M)

Os dados do efeito do meio de envasamento na RGR das plântulas de rebento registados mostraram uma variação não significativa em todas as fases de crescimento, exceto aos 14-21 DAG, onde variou significativamente (Quadro 22).

O RGR máximo de mudas de enxerto foi registrado em M_2 - Cocopeat @ 75 % + Vermicomposto @ 25 % em 7-14 DAG (0.035 cm/cm/dia), 14-21 DAG (0.025 cm/cm/dia) que foi a par com (M_3) cocopeat (75 %) + casca de arroz (25 %) (0.22 cm/cm/dia) e M_4 - Cocopeat @ 75 % + pó de serra @ 25 % (0.22 cm/cm/dia). Também foi observado um RGR máximo em M_1 - Cocopeat @ 100 % aos 21-28 DAG (0,029 cm/cm/dia), enquanto em M_3 - Cocopeat @ 75 % + casca de arroz @ 25 % aos 28-35 DAG (0,028 cm/cm/dia) e em M_4 - Cocopeat @ 75 % + pó de serra @ 25 % aos 35-42 DAG (0,018 cm/cm/dia).

Tabela 22: Efeito da esterilização e de diferentes meios de envasamento na taxa de crescimento relativo da altura das plântulas de enxerto (cm/cm/dia)

Tratamento	Taxa de crescimento relativo da altura das plântulas de enxerto (cm/cm/dia)														
	7-14 DAG					14-21 DAG					21-28 DAG				
	M_1	M_2	M_3	M_4	Média	M_1	M_2	M_3	M_4	Média	M_1	M_2	M_3	M_4	Média
S_0	0.029	0.044	0.030	0.032	**0.034**	0.019	0.024	0.022	0.022	**0.022**	0.020	0.019	0.021	0.016	**0.019**
S_1	0.024	0.027	0.025	0.031	**0.027**	0.020	0.027	0.023	0.021	**0.023**	0.038	0.026	0.025	0.023	**0.028**
Média	**0.027**	**0.035**	**0.027**	**0.031**	**0.030**	**0.019**	**0.025**	**0.022**	**0.022**	**0.022**	**0.029**	**0.023**	**0.023**	**0.019**	**0.024**
	RES	SEm±		CD a 5%		RES	SEm±		CD a 5%		RES	SEm±		CD a 5%	
S	NS	**0.004**		-		NS	**0.001**		-		NS	**0.002**		-	
M	NS	**0.005**		-		SIG	**0.001**		**0.004**		NS	**0.003**		-	
S X M	NS	**0.007**		-		NS	**0.002**		-		NS	**0.004**		-	

Tratamento	28-35 DAG					35-42 DAG				
	M_1	M_2	M_3	M_4	Média	M_1	M_2	M_3	M_4	Média
S_0	0.028	0.029	0.030	0.023	**0.028**	0.019	0.015	0.015	0.022	**0.018**
S_1	0.023	0.020	0.025	0.028	**0.024**	0.013	0.012	0.015	0.014	**0.014**
Média	**0.026**	**0.025**	**0.028**	**0.025**	**0.026**	**0.016**	**0.014**	**0.015**	**0.018**	**0.016**
	RES	SEm±		CD a 5%		RES	SEm±		CD a 5%	
S	NS	**0.003**		-		NS	**0.001**		-	
M	NS	**0.002**		-		NS	**0.002**		-	
S X M	NS	**0.003**		-		NS	**0.002**		-	

Esterilização de meios de envasamento	Meios de envasamento

| S_0 - Meios não esterilizados | M_1 - Cocopeat (100 %) M_2 - Cocopeat (75 %) + Vermicomposto (25 %) |
| S_1 - Meios esterilizados | M_3 - Casca de coco (75 %) + Casca de arroz (25 %) M_4 - Casca de coco (75 %) + Pó de serra (25 %) |

O RGR mínimo das mudas de enxerto foi registrado aos 7-14 DAG (0,027 cm/cm/dia) em M_1 - Cocopeat @ 100 % e M_3 - Cocopeat @ 75 % + Casca de arroz @ 25 %, 14-21 DAG (0,019 cm/cm/dia) em M_1 - Cocopeat @ 100 %, 21-28 DAG (0.019 cm/cm/dia) em M_4 - Cocopeat @ 75 % + Pó de serra @ 25 %, 28-35 DAG (0.025 cm/cm/dia) em M_2 - Cocopeat @ 75 % + Vermicomposto @ 25 % e M_4 - Cocopeat @ 75 % + Pó de serra @ 25 % e 35-42 DAG (0.014 cm/cm/dia) em M_2 - Cocopeat @ 75 % + Vermicomposto @ 25 %.

Efeito da interação (S x M)

Foi observado um efeito não significativo da interação (S x M) na RGR das plântulas de enxerto em todas as fases de crescimento.

A maior RGR foi registada em S M_{12} aos 7-14 DAG (0,044 cm/cm/dia) e em S M_{02} aos 14-21 DAG (0,027 cm/cm/dia), enquanto que em S M_{11} aos 21-28 DAG (0.038 cm/cm/dia), mas em S M_{03} aos 28-35 DAG (0,030 cm/cm/dia) e em S M_{04} aos 35-42 DAG (0,022 cm/cm/dia).

A RGR mínima das plântulas do rebento foi observada em S M_{11} aos 7-14 DAG (0,024 cm/cm/dia) e em S M_{01} aos 14-21 DAG (0,019 cm/cm/dia) mas, em S M_{04} aos 21-28 DAG (0,016 cm/cm/dia) enquanto que, em S M_{12} aos 28-35 DAG (0,020 cm/cm/dia) e 35-42 DAG (0,012 cm/cm/dia).

O RGR máximo foi registado em diferentes meios de envasamento esterilizados e não esterilizados em determinadas fases de crescimento, o que pode dever-se ao aumento do arejamento e da capacidade de retenção de água nos meios, à disponibilidade de nutrientes essenciais para o crescimento das plantas e à conversão de nutrientes indisponíveis em formas disponíveis através da atividade microbiana. Nirmal, (2019) também registou observações semelhantes.

4.2.21 Número de dias necessários para a fase enxertável das plântulas de porta-enxertos e de enxertos

O número de dias necessários para as fases enxertáveis reflecte o desenvolvimento geral e o crescimento das plântulas do porta-enxerto e do enxerto. Também determina a viabilidade dos meios para enxertia.

Os dados relativos ao número de dias necessários para a fase de enxertia das plântulas do porta-enxerto e do enxerto variaram significativamente entre todos os tratamentos em estudo e são apresentados no Quadro 23 e ilustrados na Fig.8.

Efeito da esterilização (S)

Os dados do número de dias necessários para a fase de enxertia apresentados no Quadro 23 e ilustrados na Fig. 8(a) mostram que o efeito significativo da esterilização no meio de envasamento tanto no porta-enxerto como no enxerto.

No caso de mudas de porta-enxerto, foram necessários dias mínimos (61,96 dias) para o estágio de enxertia no tratamento S_1 - Meio de envasamento esterilizado, enquanto que o máximo (68,73 dias) no tratamento S_0 - Meio de envasamento não esterilizado.

As plântulas do rebento estavam prontas para enxertia cedo (51,48 dias) em S_1 - meio de envasamento esterilizado e tarde (59,40 dias) em S_0 - meio de envasamento não esterilizado.

Efeito do meio de envasamento (M)

Os dados registados no Quadro 23 e ilustrados na Fig. 8(b) mostraram que o efeito do meio de envasamento no número de dias necessários para a fase de crescimento das plântulas do porta-enxerto e do rebento variou significativamente.

Um número significativamente menor de dias necessários para o estágio de enxertia em M_2 - Cocopeat @ 75 % + Vermicomposto @ 25 % (52,03 dias) para mudas de porta-enxertos, enquanto que um número maior de dias necessários em M_1 - Cocopeat @ 100 % (70,17 dias).

As mudas de enxerto precisaram de dias significativamente mínimos em M_2 - Cocopeat @ 75 % + Vermicomposto @ 25 % (44,62 dias) enquanto que, mais dias foram necessários para o estágio de enxerto em M_4 - Cocopeat @ 75 % + Pó de serra @ 25 %.

Quadro 23: Efeito da esterilização e de diferentes meios de envasamento no número de dias necessários para que as plântulas do porta-enxerto e do enxerto atinjam a fase enxertável

Tratamento	Dias necessários para o estádio enxertável									
	Porta-enxerto					Scion				
	M_1	M_2	M_3	M_4	Média	M_1	M_2	M_3	M_4	Média
S_0	75.07	52.60	73.50	73.77	**68.73**	64.27	45.20	63.50	64.63	**59.40**
S_1	65.27	51.47	64.77	66.33	**61.96**	53.13	44.03	53.93	54.83	**51.48**
Média	**70.17**	**52.03**	**69.13**	**70.05**	**65.35**	**58.70**	**44.62**	**58.72**	**59.73**	**55.44**
	RES	SEm±		CD a 5 %		RES	SEm±		CD a 5 %	
S	SIG	**0.65**		**3.93**		SIG	**0.59**		**3.58**	
M	SIG	**0.96**		**2.95**		SIG	**0.45**		**1.40**	
S X M	SIG	**1.36**		**4.18**		SIG	**0.64**		**1.97**	

Esterilização de meios de envasamento	Meios de envasamento
S_0 - Meios não esterilizados S_1 - Meios esterilizados	M_1 - Cocopeat (100 %) M_2 - Cocopeat (75 %) + Vermicomposto (25 %) M_3 - Cocopeat (75 %) + Casca de arroz (25 %) M_4 - Cocopeat (75 %) + Pó de serra (25 %)

Efeito da interação (S x M)

O efeito combinado da esterilização e do meio de envasamento nos dias necessários para a enxertia foi significativo nas plântulas do porta-enxerto e do enxerto. (Tabela 23 e Fig.8(c))

As plântulas do porta-enxerto atingiram a fase de enxertia cedo no $S M_{12}$ i.e. 51.47 dias que foi a par com o $S M_{02}$ (52.60 dias) e tarde no $S M_{01}$ (75.07 dias) enquanto que as plântulas do enxerto estão prontas cedo (44.03 dias) para enxertia em $S M_{12}$ que estava a par com $S M_{02}$ (45.20 dias) e significativamente superior a todas as outras combinações de tratamento mas tarde em $S M_{04}$ (64.63 dias).

A fase inicial de enxertia das plântulas do rebento e do porta-enxerto em meios de envasamento esterilizados pode dever-se à disponibilidade de condições congénitas que afectam todos os parâmetros de crescimento.

O mínimo de dias necessários para a fase enxertável em (M_2) cocopeat (75 %) + vermicomposto (25 %) pode ser devido à alta taxa de crescimento das plântulas e parâmetros máximos de crescimento como altura das plântulas, diâmetro na região do colo. O presente estudo revelou que, em (M_2) cocopeat (75 %) + vermicomposto (25 %) atingiu o estágio enxertável aos 49 DAG e 42 DAG em mudas de porta-enxerto e enxerto, respetivamente.

Resultados semelhantes foram relatados por Lee *et al.* (2010) em melancia, brinjal e tomate, Palada e Wu (2019) em pimentão, Nagma Surve (2019) em brinjal, Bantie *et al.* (2020) em enxerto de melancia e porta-enxerto de abóbora e Rayker (2020) em brinjal.

4.2.22 Percentagem de plântulas enxertáveis do porta-enxerto e do enxerto (%)

A percentagem de plântulas enxertáveis reflecte os meios de envasamento bons e viáveis para a enxertia. Quanto maior for o número de plântulas enxertáveis, mais económico será o meio para a enxertia.

Os dados relativos à percentagem de plântulas enxertáveis dos porta-enxertos e das plântulas do enxerto variaram significativamente entre todos os tratamentos em estudo, sendo apresentados no Quadro 24 e representados na Fig. 9.

A percentagem de plântulas enxertáveis do porta-enxerto variou entre 75,53 e 92,49 % e 85,29 e 98,24 % no enxerto.

Efeito da esterilização (S)

O efeito da esterilização do meio de envasamento na percentagem de plântulas enxertáveis foi significativo nas plântulas do porta-enxerto e do enxerto. (Tabela 24 e Fig. 9(a))

O máximo de plântulas para enxertia foi registado em S_1 - meios de envasamento esterilizados do porta-enxerto e do rebento como 84,49 % e 92,48% respetivamente. As plântulas mínimas enxertáveis do porta-enxerto e do rebento foram observadas em S_0 - meios de envasamento não esterilizados 80,56% e 90,01%, respetivamente.

Efeito do meio de envasamento (M)

Os dados relativos ao efeito do meio de envasamento na percentagem de plântulas enxertáveis foram significativos tanto nas plântulas do porta-enxerto como nas do enxerto. (Quadro 24 e Fig. 9(b))

A percentagem máxima de plântulas enxertáveis foi registada no porta-enxerto em M_2 - Cocopeat @ 75 % + Vermicomposto @ 25 % (89,55 %), que foi significativamente superior a todos os outros tratamentos, enquanto que a percentagem mais baixa de plântulas enxertáveis do porta-enxerto foi registada em M_1 - Cocopeat @ 100 % (78,13 %).

A percentagem de plântulas enxertáveis de plântulas de rebento foi registada significativamente máxima em M_2 - Cocopeat @ 75 % + Vermicomposto @ 25 % (96.84 %) enquanto que, plântulas enxertáveis mínimas foram registadas em M_4 - Cocopeat @ 75 % + Pó de serra @ 25 % (87.04 %).

Efeito da interação (S x M)

Os dados relativos à percentagem de plântulas enxertáveis apresentados no Quadro 24 e representados na Fig. 9(c) mostram que houve uma variação significativa na percentagem de plântulas enxertáveis do porta-enxerto e do enxerto.

A percentagem máxima de plântulas enxertáveis dos porta-enxertos foi registada em S M_{12} (92,49 %), enquanto que a percentagem mínima de plântulas enxertáveis foi registada em S M_{01} (75,53 %).

Quadro 24: Efeito da esterilização e de diferentes meios de envasamento na percentagem de plântulas enxertáveis do porta-enxerto e do enxerto (%)

Tratame nto	Percentagem de plântulas enxertáveis (%)									
	Porta-enxerto					Scion				
	M_1	M_2	M_3	M_4	Média	M_1	M_2	M_3	M_4	Média
S_0	75.53 (60.35)	86.61 (68.54)	79.63 (63.17)	80.46 (63.77)	**80.56 (63.84)**	90.92 (72.46)	95.43 (77.66)	88.41 (70.10)	85.29 (67.44)	**90.01 (71.58)**
S_1	80.72 (63.95)	92.49 (74.10)	81.42 (64.46)	83.33 (65.91)	**84.49 (66.81)**	92.77 (74.40)	98.24 (82.38)	90.14 (71.70)	88.79 (70.44)	**92.48 (74.09)**
Média	**78.13 (62.12)**	**89.55 (71.14)**	**80.53 (63.81)**	**81.90 (64.82)**	**82.53 (65.29)**	**91.85 (73.41)**	**96.84 (79.76)**	**89.28 (70.88)**	**87.04 (68.90)**	**91.25 (72.79)**
	RES	SEm±		CD a 5 %		RES	SEm±		CD a 5 %	
S	SIG	**0.48**		**2.95**		SIG	**0.11**		**0.68**	
M	SIG	**0.37**		**1.14**		SIG	**0.21**		**0.64**	
S X M	SIG	**0.52**		**1.61**		SIG	**0.30**		**0.91**	
(Os valores entre parêntesis indicam valores transformados em arco-seno)										

Esterilização de meios de envasamento	Meios de envasamento

S_0 - Meios não esterilizados	M_1 - Cocopeat (100 %) M_2 - Cocopeat (75 %) + Vermicomposto (25 %)
S_1 - Meios esterilizados	M_3 - Casca de coco (75 %) + Casca de arroz (25 %) M_4 - Casca de coco (75 %) + Pó de serra (25 %)

A percentagem de plântulas enxertáveis das plântulas do rebento foi (98,24 %) significativamente máxima em S M$_{12}$, enquanto a percentagem mínima de plântulas enxertáveis foi registada (85,29 %) em S M $_{04}$.

A obtenção de plântulas saudáveis e vigorosas que são posteriormente utilizadas para efeitos de enxertia é o aspeto importante em qualquer programa de viveiro. Na presente investigação, um dos objectivos era obter a percentagem máxima de plântulas enxertáveis num período mais curto de crescimento. O presente estudo revelou que, em M$_2$ - Cocopeat @ 75 % + Vermicomposto @ 25 % atingiu o estágio enxertável em 49 e 42 dias para mudas de porta-enxerto e enxerto, respetivamente. Neste tratamento, um máximo de 89,55 % de porta-enxertos e 96,84 % de mudas de enxerto atingiram o estágio de enxertia. Resultados semelhantes foram dados por Radha *et al.* (2018) em malagueta.

Assim, o estudo revelou que as plântulas de enxerto e de porta-enxerto para a enxertia de malagueta cultivadas em meios de envasamento esterilizados M$_2$ - Cocopeat @ 75 % + Vermicomposto @ 25 % eram 92,49 % e 98,24 % enxertáveis, respetivamente. Assim, o meio de cultura padrão foi eficaz para aumentar o crescimento das plântulas e obter o máximo de plântulas enxertáveis.

4.2.23 Análise dos meios de comunicação social

Os diferentes meios de envasamento foram analisados quanto às suas propriedades básicas como pH, CE, azoto total, fósforo total, potássio total, teor de carbono orgânico e apresentados no Quadro 25. A qualidade dos meios de envasamento depende das propriedades físicas e químicas.

O pH dos meios foi eficaz na disponibilidade de nutrientes e na absorção de água. O pH de todos os meios em estudo foi registado como neutro e varia entre 5,10 e 6,11. O pH mais alto foi registado em S M_{04} (5,80) enquanto o pH mais baixo (5,10) em S M_{12}.

Relatórios semelhantes foram apresentados por Atiyeh *et al.* (2000), Agro e Fisher (2002), Adediran (2005), Nelson (2012), Unal *et al.* (2013) para o pimento.

A CE dos meios foi eficaz na disponibilidade de nutrientes e na capacidade de troca catiónica-aniónica. A CE mais elevada foi registada em S M_{11} (0,78 ds/m), enquanto a mais baixa foi registada em S M_{12} (0,24 ds/m).

Quadro 25: Análise dos meios de comunicação social

Tratamento	pH	CE (ds/m)	Azoto total (%)	Fósforo total (%)	Potássio total (%)	Carbono orgânico (OC %)
S M_{01}	5.62	0.41	0.28	0.09	0.03	51.04
S M_{02}	5.15	0.26	0.41	0.32	0.04	37.12
S M_{03}	5.30	0.34	0.35	0.12	0.02	48.72
S M_{04}	5.80	0.32	0.11	0.10	0.03	53.36
S M_{11}	5.26	0.78	0.30	0.12	0.03	51.31
S M_{12}	5.10	0.24	0.43	0.33	0.04	39.44
S M_{13}	5.20	0.30	0.34	0.13	0.03	49.08
S M_{14}	5.62	0.41	0.16	0.11	0.03	51.04

Esterilização de meios de envasamento	Meios de envasamento

S_0 - Meios não esterilizados	M_1 - Cocopeat (100 %) M_2 - Cocopeat (75 %) + Vermicomposto (25 %)
S_1 - Meios esterilizados	M_3 - Casca de coco (75 %) + Casca de arroz (25 %) M_4 - Casca de coco (75 %) + Pó de serra (25 %)

Esses resultados também estavam em conformidade com Atiyeh *et al.* (2000), Adediran (2005) em mudas de tomate e alface, Nelson (2012), Unal *et al.* (2013) para mudas de pimenta e Manha e Wang (2014) em mudas de melancia.

O teor de azoto total nos meios de cultura teve efeito no crescimento vegetativo das plântulas. Foi registado um teor elevado de azoto total em S M_{12} (0,43 %) e o mais baixo em S M_{04} (0,11 %).

Resultados semelhantes foram dados por Atiyeh *et al.* (2000), Demir *et al.* (2010) para mudas de pimentão, Muhammad *et al.* (2016) para mudas de tomate e Radha *et al.* (2018).

As propriedades químicas dos meios incluem o teor de fósforo total e registaram um máximo em S M_{12} (0,33 %) seguido de S M_{02} (0,32 %) e um mínimo em S M_{04} (0,10 %).

Os resultados foram comparados com os de Atiyeh *et al.* (2000), Adediran (2005), Demir *et al.* (2010) para plântulas de pimento e Muhammad *et al.* (2016) para plântulas de tomate.

O teor total de potássio nos meios de cultura contribui para a tolerância das plântulas às doenças e o teor mais elevado de potássio (0,04 %) foi registado na combinação de tratamentos S M_{02} e S M_{12} , enquanto o mais baixo (0,02 %) foi encontrado na combinação de tratamentos S M_{03}.

O teor de potássio também foi relatado por Atiyeh *et al.* (2000), Demir *et al.* (2010) para mudas de pimentão e Muhammad *et al.* (2016) para mudas de tomate.

O teor de carbono orgânico reflecte a quantidade de cinzas no meio. O máximo (53,36 %) foi registado na combinação de tratamentos S M_{04} enquanto o mínimo (37,12 %) foi registado em S M_{12}.

Também foi relatado por Atiyeh *et al.* (2000), Muhammad *et al.* (2016) para mudas de tomate e Radha *et al.* (2018).

4.1.2.24 Incidência de pragas e doenças

A incidência de diferentes pragas e doenças foi registada desde a sementeira até à fase de enxertia e é apresentada no quadro 26. A incidência de pragas e doenças foi afetada no crescimento e desenvolvimento das plântulas.

Tabela 26: Incidência de pragas e doenças

Tratamentos	Pragas					
	Porta-enxerto			Scion		
	RI	RII	RIII	RI	RII	RIII
S M_{01}	-	-	-	-	-	-
S M_{02}	Folha Menor	-	Mosca branca	-	-	Mosca branca
S M_{03}	-	Mosca branca	-	Mosca branca, verme cortado	Mosca branca	-
S M_{04}	-	Mosca branca	Mosca branca	Mosca branca	Mosca branca	Mosca branca
S M_{11}	-	-	-	-	-	-
S M_{12}	-	-	Folha Menor	Lagarta comedora de folhas	-	-
S M_{13}	Mosca branca	-	-	-	-	-
S M_{14}	-	-	--	Mosca branca	-	-

Tratamentos	Doença					
	Porta-enxerto			Scion		
	RI	RII	RIII	RI	RII	RIII
S M_{01}	-	-	-	-	-	-
S M_{02}	Amortecimento desligado	Amortecimento	-	-	-	-
S M_{03}	-	-	-	-	-	-
S M_{04}	-	-	-	-	-	-
S M_{11}	-	-	-	-	-	-
S M_{12}	-	-	-	-	-	
S M_{13}	-	-	-	-	-	-

S M_{14}	-	-	-	-	-	-

Esterilização de meios de envasamento	Meios de envasamento
S_0 - Meios não esterilizados S_1 - Meios esterilizados	M_1 - Cocopeat (100 %) M_2 - Cocopeat (75 %) + Vermicomposto (25 %) M_3 - Casca de coco (75 %) + Casca de arroz (25 %) M_4 - Casca de coco (75 %) + Pó de serra (25 %)

Não se registou qualquer incidência grave de pragas e doenças durante o período de experimentação.

O ataque de mosca branca foi observado nas combinações de tratamento S M , S_{0203}, MS M_{04} e S M_{13} nas mudas de porta-enxerto e em S M S M $S_{02, 03, 04}$ Me S M_{14} nas mudas de enxerto. Houve alguma incidência de folha menor nas mudas de porta-enxerto na combinação de tratamento S M_{02} e S M_{12} e lagarta comedora de folhas, bem como verme de corte observado em mudas de enxerto em S M_{12} e S M_{03} respetivamente.

Os sintomas da doença do amortecimento foram observados na combinação de tratamentos S M_{02} nas plântulas do porta-enxerto, mas não houve incidência nas plântulas do enxerto.

Resultados semelhantes foram também apresentados por Gohler e Molitor (2002) em pepino, Borrerp *et al.* (2004) em tomate e Nilson *et al.* (2012).

4.3 Economia

4.3.1 Economia do efeito da esterilização e do meio de envasamento nas plântulas do porta-enxerto e do enxerto (Para 100 plântulas).

Os pormenores relativos ao custo do cultivo de porta-enxertos e de plântulas de malagueta em diferentes meios de envasamento esterilizados e não esterilizados são apresentados no anexo III.

Os dados sobre o rendimento bruto, custo total, rendimento líquido e BCR líquido numa altura de enxertia, influenciados por diferentes meios de envasamento esterilizados e não esterilizados, são apresentados no Quadro 34.

Os dados apresentados no Quadro 34 revelaram que o lucro líquido máximo de Rs. 16,74 por 100 plântulas com o rácio BC 1,16 e Rs. 11,65 por 100 plântulas com o rácio BC 1,10 foi registado na combinação de tratamentos S M$_{12}$ em plântulas de porta-enxertos e de descendência, respetivamente.

Tabela 34: Efeito económico da esterilização e dos diferentes meios de envasamento nas plântulas do porta-enxerto e do enxerto (para 100 plântulas)

Interações	Percentagem de plântulas enxertáveis (%)		Rendimento bruto (Rs.)		Custo total (Rs.)		Resultado líquido (Rs.)		Rácio B:C líquido	
	Porta-enxerto	Scion	Porta-enxerto	Scion	Porta-enxerto	Scion	Porta-enxerto	Scion	Porta-enxerto	Scion
S M$_{01}$	75.53	90.92	98.19	118.20	96.47	110.89	1.72	7.34	1.02	1.06
S M$_{02}$	86.61	95.43	112.60	124.02	101.42	114.32	11.18	9.70	1.11	1.08
S M$_{03}$	79.63	88.41	103.52	114.93	97.69	110.59	5.83	4.34	1.06	1.04
S M$_{04}$	80.46	85.29	104.60	110.88	97.88	109.93	6.72	0.95	1.07	1.01
S M$_{11}$	80.72	92.77	104.94	120.60	98.74	112.39	6.20	8.21	1.06	1.07
S M$_{12}$	92.49	98.24	120.24	127.71	103.77	116.06	16.47	11.65	1.16	1.10
S M$_{13}$	81.42	90.14	105.85	117.18	98.56	112.10	7.29	5.08	1.07	1.04
S M$_{14}$	83.33	88.79	108.33	115.42	99.53	111.82	8.80	3.6	1.09	1.03

***Nota:** Preço de venda - Rs.1.3 por porta-enxerto e plântula de enxerto

Esterilização de meios de envasamento	Meios de envasamento
S_0 - Meios não esterilizados S_1 - Meios esterilizados	M_1 - Cocopeat (100 %) M_2 - Cocopeat (75 %) + Vermicomposto (25 %) M_3 - Casca de coco (75 %) + Casca de arroz (25 %) M_4 - Casca de coco (75 %) + Pó de serra (25 %)

CAPÍTULO V

RESUMO E CONCLUSÕES

O projeto de investigação intitulado "Estudos sobre a produção de mudas de qualidade de enxertos e porta-enxertos de malagueta (*Capsicum annuum* L.)" foi realizado com os seguintes objectivos

1. Estudar o efeito de vários meios de envasamento no crescimento de plântulas de malagueta para enxertia.

2. Estudar o efeito de vários meios de envasamento no desenvolvimento de plântulas de malagueta para enxertia.

A experiência em estudo foi realizada num esquema de parcelas divididas com dois factores, oito tratamentos e três repetições. O fator A consistiu em dois factores de esterilização S_0 : Meios de envasamento não esterilizados e S_1 : Meios de envasamento esterilizados e o Fator B consistiu em quatro meios de envasamento M_1 : Cocopeat (75 %), M_2 : Cocopeat (75 %) + vermicomposto (25 %), M_3 : Cocopeat (75 %) + casca de arroz (25 %) e M_4 : Cocopeat (75 %) + serradura (25 %). Foram registados os dados relativos a todos os parâmetros em estudo. Os dados obtidos para todos os parâmetros foram analisados estatisticamente de acordo com o método prescrito por Panse e Sukhatme (1995). Os resultados da investigação são resumidos e concluídos da seguinte forma.

5.1 Efeito da esterilização, de diferentes meios de envasamento e da sua interação nas plântulas do porta-enxerto e do enxerto

5.1.1 Efeito nos dias necessários para a germinação

No porta-enxerto, a germinação precoce foi registada em S_1 - Meio de envasamento esterilizado (8,50 dias) e foi significativamente superior a S_0 - Meio de envasamento não esterilizado (9,08 dias). Um número significativamente menor de dias foi necessário no meio de envasamento M_2 - Cocopeat @ 75 % + Vermicomposto @ 25 % (8.00) que foi igual ao M_1 - Cocopeat @ 100 % (8.67) enquanto que, um número maior de dias foi necessário para a germinação no M_4 - Cocopeat @ 75% + Pó de serra @ 25% (9.33). O efeito não significativo da interação nos dias necessários para a germinação de sementes e um menor número de dias (8,00) foram necessários em S M $S_{02,\,12}$ Me S M_{11} enquanto que um maior número de dias para a germinação de sementes (9,67) foi registado em S M $._{04}$

No enxerto, os dias mínimos foram necessários para a germinação em S_1 - Meio de envasamento esterilizado 7,42, enquanto os dias máximos foram necessários para a germinação em S_0 - Meio de envasamento não esterilizado (7,67). No meio de envasamento, o mínimo de dias necessários para a germinação de sementes em M_2 - Cocopeat @ 75 % + Vermicomposto @ 25 % (7,00), que foi igual ao M_4 - Cocopeat @ 75 % + Pó de serra @ 25 % (7,33) e M_1 - Cocopeat @ 100 % (7,67), enquanto que o máximo de dias foi necessário para a germinação em M_3 - Cocopeat @ 75 % + Casca de arroz @ 25 % (8,17). O efeito não significativo da interação nos dias necessários para a germinação de sementes do rebento com germinação precoce de sementes (7,00) observada em S M_{02} e S M_{12} enquanto a germinação tardia de sementes foi registada em S M_{03} (8,33).

5.1.2 Efeito na altura das plântulas (cm)

Nas mudas de porta-enxerto, a altura significativamente mais alta foi registada em S_1 - Meio de envasamento esterilizado (11.83 cm) enquanto que a mais baixa em S_0 - Meio de envasamento não esterilizado (9.53 cm) aos 49 DAG. Nos meios de envasamento, a altura máxima foi significativamente observada em M_2 - Cocopeat @ 75 % + Vermicomposto @ 25 % (13,68 cm), enquanto que a altura mínima foi observada em M_1 - Cocopeat @ 100 % (9,32 cm) aos 49 DAG. Significativamente, a maior altura foi registrada na interação S M_{12} (14,88 cm), enquanto a menor altura foi observada em S M_{01} (7,66 cm) aos 49 DAG.

A altura significativamente máxima das plântulas do rebento foi registada em S_1 - meio de envasamento esterilizado (15.50 cm) enquanto que o mínimo foi observado em S_0 - meio de envasamento não esterilizado (13.22 cm) aos 49 DAG. A altura significativamente mais alta foi observada no meio de envasamento M_2 - Cocopeat @ 75 % + Vermicomposto @ 25 % (19.33 cm) enquanto que a altura mais baixa foi registada em M_4 - Cocopeat @ 75 % + Pó de serra @ 25 % (11.73 cm) aos 42 DAG. No efeito de interação, foi observada uma altura significativamente mais alta de mudas de enxerto em S M_{12} , ou seja, 19,96 cm, enquanto que a altura mais baixa foi registrada em S M_{04} (10,54 cm) aos 42 DAG.

5.1.3 Efeito no diâmetro da região do colo das plântulas (mm)

Aos 49 DAG, o diâmetro máximo significativo na região do colo das plântulas do porta-enxerto foi registado em S_1 - meio de envasamento esterilizado (1,42 mm), enquanto que os valores mínimos foram registados em S_0 - meio de envasamento não esterilizado (1,29 mm). Nos meios de envasamento, o maior diâmetro na região do colo foi observado em M_2 - Cocopeat @ 75 % + Vermicomposto @ 25 % (1,70 mm), enquanto que o menor diâmetro na região do colo (1,19 mm) foi observado em M_1 - Cocopeat @ 100 %. O maior diâmetro na região do colo foi observado na interação S M_{12} (1,81 mm), enquanto o diâmetro mínimo na região do colo das mudas de porta-enxerto foi registrado em S M_{01} (1,10 mm).

Aos 42 DAG, o diâmetro máximo significativo na região do colo das plântulas do rebento foi registado em S_1 - Meio de envasamento esterilizado (1,44 mm), enquanto que o diâmetro mínimo na região do colo foi registado em S_0 - Meio de envasamento não esterilizado (1,33 mm). Nos meios de envasamento, o diâmetro significativamente mais alto na região do colo foi observado em M_2 - Cocopeat @ 75 % + Vermicomposto @ 25 % aos 42 DAG (1,69 mm) e o menor diâmetro na região do colo (1,20 mm) foi observado em M_4 - Cocopeat @ 75 % + Pó de serra @ 25 %. O diâmetro significativamente máximo na região do colarinho foi registado na interação S M_{12} i.e. 1.74 mm enquanto que o diâmetro mínimo na região do colarinho foi registado (1.13 mm) em S M_{04} aos 42 DAG.

5.1.4 Efeito no número de folhas funcionais das plântulas

Nas plântulas de porta-enxerto, o máximo de folhas foi registado em S_1 - Meio de envasamento esterilizado (6.66) enquanto que o mínimo foi registado em S_0 - Meio de envasamento não esterilizado i.e. 6.27 aos 49 DAG. Aos 49 DAG foi observado um número significativamente maior de folhas funcionais no meio de envasamento M_2 - Cocopeat @ 75 % + Vermicomposto @ 25 % (7.33) enquanto que o menor número de folhas funcionais foi registado em M_1 - Cocopeat @ 100 % (5.95). No efeito de interação, um número significativamente maior de folhas funcionais foi revelado em S M_{02} (7,70), enquanto que um número menor de folhas funcionais (5,67) foi registado em S M_{01} aos 49 DAG.

Nas mudas de enxerto, o número máximo de folhas funcionais foi registado significativamente em S_1 - Meio de envasamento esterilizado (6.92) enquanto que o número mínimo de folhas funcionais foi observado em S_0 - Meio de envasamento não esterilizado (6.63) aos 42 DAG. Maior número de folhas funcionais foi observado no meio de envasamento M_2 - Cocopeat @ 75 % + Vermicomposto @ 25 % (7.85) mas, menor em M_4 - Cocopeat @ 75 % + Pó de serra @ 25 % aos 42 DAG (6.38).O número máximo de folhas funcionais foi registado na interação S M_{02} (7.97) enquanto que, o número mínimo de folhas funcionais foi observado em S M_{04} aos 42 DAG (6.13).

5.1.5 Efeito na propagação das plântulas

Aos 49 DAG a propagação máxima das plantas dos porta-enxertos foi registada em S_1 - meio de envasamento esterilizado (9.54 cm) enquanto que o mínimo em S_0 - meio de envasamento não esterilizado (8.82 cm). Significativamente, a propagação máxima de plantas foi notada no meio de envasamento M_2 - Cocopeat @ 75 % + Vermicomposto @ 25 % (10.09 cm) enquanto que a propagação mínima de plantas foi registada em M_1 - Cocopeat @ 100 % (8.73 cm) aos 49 DAG. A maior propagação de plantas (10,73 cm) foi observada aos 49 DAG em S M_{12} enquanto que a menor propagação de plantas (7,85 cm) foi registada em S M_{01}.

Aos 42 DAG, a propagação máxima de plantas de mudas de enxerto foi registrada em S_1 - Meio de envasamento esterilizado (9,97 cm), enquanto que a propagação mínima de plantas foi registrada em S_0 - Meio de envasamento não esterilizado (9,55 cm). No meio de envasamento, a propagação máxima de plantas foi observada em M_2 - Cocopeat @ 75 % + Vermicomposto @ 25 % 10,63 cm aos 42 DAG, que foi igual a M_1 - Cocopeat @ 100 % (10,06 cm), enquanto que a propagação mínima de plantas foi observada em M_4 - Cocopeat @ 75 % + Pó de serra @ 25 % (9,08 cm). A propagação de plantas significativamente mais alta foi registada em S M_{12} (10,63 cm) enquanto que a propagação de plantas mais baixa foi observada em S M_{04} aos 42 DAG (8,95 cm).

5.1.6 Efeito no comprimento da raiz axial das plântulas (cm)

Nas plântulas de porta-enxertos, foi registado um comprimento significativo da raiz axial das plântulas de porta-enxertos (5,23 cm) em S_1 - meio de envasamento esterilizado, enquanto que foi observado um comprimento menor da raiz axial (4,75 cm) em S_0 - meio de envasamento não esterilizado aos 49 DAG. O comprimento máximo significativo da raiz principal foi registado em M_2 - Cocopeat @ 75 % + Vermicomposto @ 25 % (6.01 cm) enquanto que o comprimento mínimo da raiz principal foi observado em M_1 - Cocopeat @ 100 % (4.60 cm) aos 49 DAG. No efeito de interação, foi observado um menor crescimento da raiz principal (4,48 cm) em S M_{01} enquanto que, o maior comprimento da raiz principal foi registado em 6,68 cm em S M_{02} aos 49 DAG.

Nas mudas de enxerto, o comprimento máximo significativo da raiz principal foi registado em S_1 - meio de envasamento esterilizado (4,96 cm), enquanto que o mínimo em S_0 - meio de envasamento não esterilizado (4,80 cm) aos 42 DAG. O comprimento significativamente mais alto da raiz principal foi registado no meio de envasamento M_2 - Cocopeat @ 75 % + Vermicomposto @ 25 % (5.33 cm) enquanto que o comprimento mínimo da raiz principal foi registado em M_4 - Cocopeat @ 75 % + Pó de serra @ 25 % (4.33 cm) 42 DAG. No efeito de interação aos 42 DAG, observou-se um comprimento máximo significativo da raiz principal em S M_{12} i.e. 5,33 cm, enquanto que o comprimento mínimo da raiz principal foi registado em S M_{14} (4,25 cm).

5.1.7 Efeito no número de raízes adventícias das plântulas

Nas plântulas de porta-enxertos, observou-se um número significativamente maior de raízes adventícias em S_1 - Meio de envasamento esterilizado (23.98), enquanto que um número baixo de raízes adventícias foi registado em S_0 - Meio de envasamento não esterilizado (20.63) aos 49 DAG. Nos meios de envasamento, um número significativamente máximo de raízes adventícias foi registado em M_2 - Cocopeat @ 75 % + Vermicomposto @ 25 % i.e. 26.63 enquanto que o número mínimo de raízes adventícias foi registado em M_1 - Cocopeat @ 100 % como 19.73 aos 49 DAG. O número significativamente mais alto de raízes adventícias foi observado em S M_{12} (29.93) enquanto que o número mais baixo de raízes adventícias foi observado em S M_{01} (17.40) aos 49 DAG.

Um número significativamente maior de raízes adventícias de mudas de enxerto foi observado aos 42 DAG (20,59) em S_1 - Meio de envasamento esterilizado, enquanto que um número menor de raízes adventícias foi observado em S_0 - Meio de envasamento não esterilizado (19,25). Nos meios de envasamento, um número significativamente máximo de raízes adventícias foi registado em M_2 - Cocopeat @ 75 % + Vermicomposto @ 25 % aos 42 DAG (24,03), enquanto que o número mínimo de raízes adventícias foi observado em M_4 - Cocopeat @ 75 % + Pó de serra @ 25 % (17,93). Registou-se um número significativamente mais elevado de raízes adventícias na interação S M_{12} (24,53) que estava a par com S M_{02} (23,53) enquanto que o número mais baixo de raízes adventícias foi observado em S M_{04} i.e. 16,20 aos 42 DAG.

5.1.8 Efeito no peso fresco das plântulas (mg)

Nas mudas de porta-enxerto aos 49 DAG, o peso fresco significativamente maior foi observado em S_1 - Meio de envasamento esterilizado (174,46 mg) e o peso fresco menor foi relatado em S_0 - Meio de envasamento não esterilizado (137,19 mg). O efeito significativo do meio de envasamento no peso fresco foi registrado aos 49 DAG e o maior peso fresco foi registrado em M_2 - Cocopeat @ 75 % + Vermicomposto @ 25 % (206,45 mg), mas o menor peso fresco foi observado em M_1 - Cocopeat @ 100 % (112,25 mg). O peso fresco significativamente máximo foi registado no efeito de interação S M_{12} (216.03 mg) enquanto que o peso fresco mínimo foi registado em S M_{o1} (105.00 mg) aos 49 DAG.

O peso fresco máximo significativo das plântulas de rebento foi observado em S_1 - Meio de envasamento esterilizado (351.63 mg) enquanto que o peso fresco mínimo foi registado em S_0 - Meio de envasamento não esterilizado (276.17 mg) aos 42 DAG. O peso fresco significativamente mais alto foi registado no meio de envasamento M_2 - Cocopeat @ 75 % + Vermicomposto @ 25 % i.e. 581.48 mg enquanto que o peso fresco mais baixo foi registado em M_4 - Cocopeat @ 75 % + Pó de serra @ 25 % (201.67 mg) aos 42 DAG. Na interação, um peso fresco significativamente mais alto foi observado em S M_{12} (591,00 mg), que foi igual a S M_{02} (571,97 mg), enquanto o peso fresco mínimo registrado em S M_{04} foi de 141,67 mg aos 42 DAG.

5.1.9 Efeito no peso seco das plântulas (mg)

O peso seco significativamente máximo das plântulas de porta-enxerto foi registado em S_1 - Meio de envasamento esterilizado, isto é, 18,83 mg, enquanto que o peso seco mínimo foi observado em S_0 - Meio de envasamento não esterilizado (14,54 mg) aos 49 DAG. O peso seco significativamente mais alto das mudas de porta-enxerto foi registrado no meio de envasamento M_2 - Cocopeat @ 75 % + Vermicomposto @ 25 % (23,92 mg), enquanto o peso seco mais baixo foi observado em M_1 - Cocopeat @ 100 % (12,33 mg) aos 49 DAG. Um peso seco significativamente mínimo foi registado na interação S M_{01} (10,93 mg) enquanto que o peso seco máximo foi registado em S M_{12} (28,10 mg) aos 49 DAG.

O maior peso seco das plântulas de rebento foi registado em S_1 - Meio de envasamento esterilizado aos 42 DAG (25,87 mg) enquanto que o menor peso seco das plântulas de rebento foi registado em S_0 - Meio de envasamento não esterilizado (18,69 mg). No meio de envasamento, um peso seco significativamente maior foi registrado em M_2 - Cocopeat @ 75 % + Vermicomposto @ 25 %, ou seja, 32,38 mg aos 42 DAG, enquanto que o menor peso seco foi registrado em M_4 - Cocopeat @ 75 % + Pó de serra @ 25 % (17,62 mg). O peso seco significativamente mais alto foi observado em S M_{12} (37,65 mg) enquanto que o peso seco mais baixo foi registado em S M_{04} i.e. 14,37 mg aos 42 DAG.

5.1.10 Efeito na AGR da altura das plântulas (cm/dia)

A maior AGR das mudas de porta-enxerto foi observada em S_0 - meio de envasamento não esterilizado em 42-49 DAG (0.40 cm/dia) e a menor AGR foi registada em S_1 - meio de envasamento esterilizado (0.23 cm/dia). No meio de envasamento M_2 - Cocopeat @ 75 % + Vermicomposto @ 25 % o máximo de AGR foi registado entre 42-49 DAG (0.38 cm/dia) enquanto que, o menor AGR foi registado em M_3 - Cocopeat @ 75 % + Casca de arroz @ 25 % (0.28 cm/dia). Não houve efeito significativo da interação na AGR das mudas de porta-enxerto, mas a maior AGR foi registrada em S M_{12} entre 42-49 DAG (0,50 cm/dia), enquanto a menor AGR foi observada (0,19 cm/dia) em S M $_{04}$

A AGR das mudas de enxerto variou de forma não significativa em todos os estágios de crescimento. A menor AGR foi registada em S_1 - Meio de envasamento esterilizado em 35-42 DAG (0.43 cm/dia) enquanto que a maior AGR foi registada em S_0 - Meio de envasamento não esterilizado (0.47 cm/dia). Houve um efeito significativo do meio de envasamento em todos os estágios de crescimento na AGR das mudas de enxerto e o máximo foi em M_2 - Cocopeat @ 75 % + Vermicomposto @ 25 % entre 35-42 DAG (0,55 cm/dia) que estava a par com M_1 - Cocopeat @ 100 % (0,43 cm/dia) enquanto que, a AGR mínima foi registada (0,38 cm/dia) em M_3 - Cocopeat @ 75 % + Casca de arroz @ 25 %. Efeito não significativo da interação na AGR e a maior AGR foi observada em S M_{02} entre 35-42 DAG (0,59 cm/dia), enquanto que a menor AGR foi notada (0,35 cm/dia) em S M_{13}.

5.1.11 Efeito no RGR da altura das plântulas (cm/cm/dia)

Nas plântulas dos porta-enxertos, o RGR máximo foi registado em S_0 - meio de envasamento não esterilizado entre 42-49 DAG (0,015 cm/cm/dia), enquanto que o RGR mínimo foi observado em S_1 - meio de envasamento esterilizado (0,015 cm/cm/dia). Os dados do efeito do meio de envasamento no RGR das mudas de porta-enxerto não variaram significativamente e o RGR máximo foi registrado (0,017 cm/cm/dia) em M_1 - Cocopeat @ 100 % enquanto que o RGR mínimo foi observado (0,013 cm/cm/dia) em M_2 - Cocopeat @ 75 % + Vermicomposto @ 25 %. No efeito da interação, foi registado um AGR significativamente máximo em S M_{11} entre 42-49 DAG (0,020 cm/cm/dia) que foi igual a S M_{01} (0,014 cm/cm/dia), S M_{02} (0.017 cm/cm/dia), S M_{03} (0.014 cm/cm/dia), S M_{04} (0.011 cm/cm/dia), S M_{13} (0.013 cm/cm/dia), S M_{14} (0.017 cm/cm/dia) enquanto que o RGR mínimo foi observado (0.009 cm/cm/dia) em S M_{12}.

Nas plântulas de enxerto, o maior RGR foi registado em S_0 - Meio de envasamento não esterilizado a 35-42 DAG (0,018 cm/cm/dia), enquanto que o menor RGR foi observado em S_1 - Meio de envasamento esterilizado (0,014 cm/cm/dia). Os dados do efeito dos meios de envasamento no RGR das plântulas de rebento registados não foram significativos e o RGR máximo foi registado em M_4 - Cocopeat @ 75 % + Pó de serra @ 25 % aos 35-42 DAG (0,018 cm/cm/dia). Considerando que, o RGR mínimo foi registado (0,014 cm/cm/dia) em M_2 - Cocopeat @ 75 % + Vermicomposto @ 25 %. O efeito não significativo da interação foi observado no RGR, mas o maior RGR foi registado em S M_{04} aos 35-42 DAG (0,022 cm/cm/dia), enquanto que o RGR mínimo foi observado em S M_{12} (0,012 cm/cm/dia).

5.1.12 Efeito no número de dias necessários para a fase enxertável

Nas mudas de porta-enxerto, o efeito significativo da esterilização no meio de envasamento no número de dias necessários para o estágio de enxertia e dias mínimos (61,96 dias) necessários em S_1 - meio de envasamento esterilizado e máximo (68,73 dias) em S_0 - meio de envasamento não esterilizado. Um número significativamente menor de dias necessários para o estágio de enxerto no meio de envasamento M_2 - Cocopeat @ 75 % + Vermicomposto @ 25 % (52.03 dias) enquanto que um número maior de dias necessários no M_1 - Cocopeat @ 100 % (70.17 dias). No efeito de interação, as plântulas atingiram significativamente a fase de enxertia mais cedo em S M_{12} i.e. 51.47 dias que foi a par com S M_{02} (52.60 dias) e mais tarde em S M_{01} (75.07 dias).

As mudas de enxerto estavam prontas para enxertia significativamente cedo (51,48 dias) em S_1 - meio de envasamento esterilizado e tarde (59,40 dias) em S_0 - meio de envasamento não esterilizado. Foram necessários mais dias para o estágio de enxerto no meio de envasamento M_4 - Cocopeat @ 75 % + Pó de serra @ 25 % (59.73 dias) mas significativamente mínimo em M_2 - Cocopeat @ 75 % + Vermicomposto @ 25 % (44.62 dias). As mudas de enxerto estão prontas cedo (44,03 dias) para enxertia na interação S M_{12} , que foi igual a S M_{02} (45,20 dias) e significativamente superior a todas as outras combinações de tratamento , mas tarde em S M_{04} (64,63 dias).

5.1.13 Efeito na percentagem de plântulas enxertáveis (%)

Nas mudas de porta-enxerto, o efeito da esterilização do meio de envasamento na percentagem de mudas enxertáveis foi significativo. O máximo de plântulas para enxertia em S_1 - meio de envasamento esterilizado, ou seja, 84,49 %, enquanto que o mínimo de plântulas enxertáveis foi observado em S_0 - meio de envasamento não esterilizado, ou seja, 80,56 %. Onde, a maior porcentagem de mudas enxertáveis foi registrada em M_2 - Cocopeat @ 75 % + Vermicomposto @ 25 % (89.55 %) com o menor M_1 - Cocopeat @ 100 % (78.13 %). A percentagem significativamente máxima de plântulas enxertáveis foi registada na interação S M_{12} (92,49 %) e a percentagem mínima em S M_{01} (75,53 %).

Nas mudas de enxerto, o efeito da esterilização do meio de envasamento na percentagem de mudas enxertáveis foi significativo. O máximo de plântulas para enxertia foi registado em S_1 - Meio de envasamento esterilizado (92,48%), enquanto que o mínimo de plântulas enxertáveis foi observado em S_0 - Meio de envasamento não esterilizado (90,01%). A porcentagem de mudas enxertáveis foi significativamente máxima em M_2 - Cocopeat @ 75 % + Vermicomposto @ 25 % (96.84 %) e mínima em M_4 - Cocopeat @ 75 % + Pó de serra @ 25 % (87.04 %). A porcentagem de mudas enxertáveis foi significativamente máxima (98,24 %) na interação S M_{12} e mínima (85,29 %) em S M_{04}.

5.1.2 Análise dos meios de comunicação social

O pH mais elevado foi registado em S M_{04} (5,80) e o pH mais baixo (5,10) em S M_{12}. . A CE mais elevada foi registada em S M_{11} (0,78 ds/m) e a mais baixa em S M_{12} (0,24 ds/m). Foi registado um elevado teor de azoto total em S M_{12} (0,43 %) e o mais baixo em S M_{04} (0,11 %). O teor de fósforo total registou o máximo em S M_{12} (0.33 %) e seguido por S M_{02} (0.32 %) e o mínimo em S M_{04} (0.10 %) enquanto que 0.12 % em S M_{03}. O potássio mais elevado (0.04 %) registado em S M_{02} e S M_{12} enquanto o mais baixo 0,02 % em S M_{03} mas 0,03 % em S M $S_{01, 04}$, MS M $S_{11, 13}$ Me S M_{14}. O carbono orgânico foi máximo (53,36 %) registado em S M_{04} e mínimo (37,12 %) em S M_{12} e 51,31 % em S M_{11}.

5.1.3 Incidência de pragas e doenças

O ataque da mosca branca foi observado em S M , S_{0203}, MS M_{04} e S M_{13} em mudas de porta-enxerto e em S M S M $S_{02, 03, 04}$ Me S M_{14} em mudas de enxerto. Houve alguma incidência de folha menor em mudas de porta-enxerto em S M_{02} e S M_{12} e lagarta comedora de folhas, bem como verme de corte em mudas de enxerto em S M_{12} e S M_{03}, respetivamente.

Os sintomas da doença do amortecimento foram observados em S M_{02} nas plântulas do porta-enxerto, mas não houve qualquer incidência nas plântulas do enxerto.

CONCLUSÕES

A presente investigação intitulada "**Estudos sobre a produção de plântulas de qualidade de enxertos e porta-enxertos de malagueta (*Capsicum annuum* L.)**" foi concluída com as seguintes conclusões

Com base nos resultados experimentais, podem ser tiradas as seguintes conclusões.

O meio de envasamento esterilizado (S_1) para enxertia foi considerado superior no que diz respeito a vários parâmetros de crescimento e desenvolvimento em estudo, tanto nas plântulas de porta-enxerto como de enxerto, enquanto que, entre os diferentes meios de envasamento M_2 : cocopeat (75 %) + vermicomposto (25 %) foi o mais superior no que diz respeito a vários parâmetros em estudo e levou o mínimo de dias para atingir a fase enxertável, assim como a percentagem máxima de plântulas enxertáveis com 1,16 e 1,10 BC para as plântulas de porta-enxerto e de enxerto, respetivamente.

Estas conclusões baseiam-se nos resultados de apenas um estudo sazonal. No entanto, pode ser efectuado um ensaio alargado para confirmar estes resultados.

LITERATURA CITADA

Adediran, J. A. (2005). Crescimento de plântulas de tomate e alface em meios sem solo. *Journal of Vegetable Science*, 11(1): 5-15.

Anónimo (2019). Estimativas finais de área e produção de culturas hortícolas para 2018-19 publicadas pelo National Horticultural Board, Gurgaon, Hariyana.

Argo, W. R. e Fisher, P. R. (2002). Understanding pH management for container-grown crops (Compreender a gestão do pH para culturas cultivadas em contentores). *Meister Publishing, Willoughby, OH.*

Atiyeh, R. M., Arancon, N. Q., Edwards, C. A. e Metzger, J. D. (2000a). Influência do estrume de porco processado por minhocas no crescimento e rendimento do tomate em estufa. *Bioresour Technol*, 75: 175-180.

Baker, K. F. (1967a). Controlo de agentes patogénicos do solo com vapor arejado. *Proc. Wash. State Univ. Greenhouse Growers Inst.,*: 3-18.

Bantis, F., Koukounaras, A., Siomos, A. e Dangitsis, C. (2020). Impacto da seleção da qualidade das mudas do enxerto e do porta-enxerto no vigor das mudas enxertadas de melancia-abóbora interespecífica. *agricultura*, 10: 326.

Bantis, F., Koukounaras, A., Siomos, A., Menexes, G., Dangitsis, C. e Kintzonidis, D. (2019). Avaliação de critérios quantitativos para caraterização de categorias de qualidade para mudas de melancia enxertadas. *Horticultura*, 5: 16.

Bhardwaj, A., Goswami, B. K., Bhardwaj, V. e Singh, N. (2019). Efeito de alterações orgânicas e meios de cultivo nos atributos vegetais do viveiro de Brinjal. *Arquivos de plantas*, 19(2): 44-46.

Borrero, C., Trillas, M. I., Ordovas, J., Tello, J. C. e Aviles, M. (2004). Factores preditivos para a supressão da murcha de Fusarium do tomateiro em meios de crescimento de plantas. *Phytopathology*, 94: 1094-1101.

Chopan, M., e Littenberg, B. (2017). A Associação do Consumo de Pimenta Vermelha Quente e Mortalidade: Um grande estudo de coorte de base populacional. *P LoS ONE*, 12(1): 0169876.

Dasgan, H. Y. e Abak, K. (2003). Efeito da densidade das plantas e do número de rebentos no rendimento e nas caraterísticas dos frutos do pimento cultivado em estufa. *Turkish Journal of Agriculture and Forestry*. 27(1): 29-35.

Demir, H., Polat, E., Sonmez, I. e Yilmaz, E. (2010). Efeitos de diferentes meios de cultura na qualidade das plântulas e no teor de nutrientes do pimento (*Capsicum annuum* L. var longum cv. Super Umut F1). *Journal of food, Agriculture & Environment*, 8(3&4): 894-897.

Eltayb, M. T. A., Magid, R. W., Ahmed, R. W. e Ibrahim, A. A. (2013). Alterações morfológicas em enxertos devido à enxertia de berinjela *Lycopersicon lycopercium* (L) e pimenta *Capsicum annuum* (L) em tomate (*Solanum melongena* L) como (porta-enxerto). *Journal of forest Products & Industries*, 2(5): 30-35.

Gohler, F. e Molitor, H. D. (2002). Erdelose Kulturverfahren im Gartenbau. Eugen Ulmer Verlag, Alemanha: 22-25.

Handayani, T. (2019). Efeito do meio de cultivo na germinação de sementes e no crescimento de mudas de Porang (Amorphophallus muelleri Blume). Em *Proceedings The SATREPS Conference*, 2(1): 119-128.

Harris, C. (2017). Avaliação de substratos sem solo de fibra de madeira para efeitos no desempenho das plantas e gestão de nutrientes em culturas de contentores. Uma tese de mestrado (Agricultura). Universidade de New Hampshire.

Hartmann, H. T., Kester, D. E., Davies, F. T. e Geneve, R. G. (1977). Propagação de plantas: Principles and Practices. Prentice Hall, Upper Saddle River, *NJ*, EUA: 770.

Herrera, F., Castillo, J. E., Chica A. F. e Bellido, L. (2008). Utilização de composto de resíduos sólidos urbanos (RSU) como meio de cultura na produção de plantas de tomate em viveiro. *Bioresour Technol.*, 99(2): 287-296.

Johnson, S. J., Kreider, P. e Miles, C. A. (2011). *Enxertia de vegetais: Berinjelas e Tomates.* Extensão da Universidade Estadual de Washington.

Kandemir, D., Ozer, H., Ozkaraman, F. e Uzun, S. (2013). O efeito de diferentes meios de semeadura de sementes na qualidade das mudas de pepino. *The European Journal of Plant Science and Biotechnology, 7*: 66-69.

Khah, E. M. (2011). Efeito da enxertia no crescimento, desempenho e rendimento da beringela (*Solanum melongena* L.) em estufa e em campo aberto. *Revista Internacional de Produção Vegetal*, 5(4): 359-366.

Kumar, P., Shivani, R., Parveen, S. e Negi, V. (2015). Enxerto de vegetais: um benefício para os produtores de vegetais para combater o estresse biótico e abiótico. *Himachal Journal of Agricultural Research*, 41(1): 1-5.

Lee, J., Kubota, C., Tsao S. J. e Zhi-Long Bic (2010). Situação atual da enxertia de vegetais. *Scientia Horticulture*, 127(2): 93-105.

Manho, V. H., e Wang, C. H. (2014). Vermicomposto como um componente importante no substrato: Efeitos na qualidade das mudas e no crescimento do melão (*Cucumis melo* L.). *APCBEE procedia, 8*: 32-40.

Marković, V., Takac, A. e Ilin, Z. (1995). Zeólito enriquecido como componente de substrato na produção de mudas de pimenta e tomate. *Ata Horticulture,* 396: 321-328.

Mathowa, T., Tshipinare, K., Mojeremane, W., Legwaila, G. M. e Oagile, O. (2017). Efeito do meio de cultivo no crescimento e desenvolvimento de mudas de papel doce (*Capsicum annum* L.). *Jornal de Horticultura Aplicada*, 19(3): 200-204.

Miller, J. H. e Jones, N. (1995). Meios de cultura orgânicos e à base de composto para viveiros de mudas de árvores. Banco Mundial Tech. Forestry Series. Washington, DC: *Banco Mundial*, 264: 75.

Muhammad, J. A., Ghulam, J., Noor, S., Ullah, H. e Khan, M. Z. (2016). Diferentes meios de crescimento afetam a germinação e o crescimento de mudas de tomate. Ciência, Tecnologia e Desenvolvimento, 35(3): 123-127.

Nadia, M., Badran, O. H., El-Hussieny e Allam, E. H. (2007). Eficiência de alguns substitutos naturais do musgo de turfa como meio de cultivo para a produção de mudas de tomate. *Australian Journal of Basic & Applied Sciences*, 1(3): 207.

Nagma, S. (2019). Estudos sobre Técnicas de Enxertia em Brinjal (*Solanum melongena* L.) em condições agroclimáticas de Konkan. Tese de Mestrado apresentada ao Dr. Balasaheb Sawant Konkan Krishi Vidyapeeth, Dapoli (Não publicada).

Nelson, P. V. (2012). Operação e gestão de estufas, 7ª ed., Prentice Hall, Upper Sadle River, NJ. Prentice Hall, Upper Sadle River, *NJ*.

Nirmal, O. A., Haldavanekar, P. C., Mali, P. C., Khot, A. A. e Parulekar, Y. R. (2019). Influência de diferentes intensidades de sombra no desempenho de crescimento de mudas de Chilli (*Capsicum annuum* L.) sob condições agro-climáticas de Konkan. *Journal of Pharmacognosy and Phytochemistry*, 8(4): 1501-1505.

Olaria, M., Nebot, J. F., Molina, H., Troncho, P., Lapena, L. e Llorens, E. (2016). Efeito de diferentes substratos para agricultura orgânica no desenvolvimento de mudas de espécies tradicionais de Solanaceae. *Revista Espanhola de Investigação Agrária,* 14(1): 7.

Palada, M. C. e Wu, D. L. (2008). Avaliação de porta-enxertos de pimentão para a produção de papel doce enxertado durante a estação quente e seca em Taiwan. *Ata Hort.* 767.

Panase, V. G. e Sukhatme, P. V. (1995). Statistical methods for agricultural workers, ICAR Rev. Ed. Por Sukhatme, P. V. e Amble, V. N., pp.145-156.

Pina, A. e Errea, P. (2005). Uma revisão dos novos avanços no mecanismo de compatibilidade e incompatibilidade dos enxertos. *Scientia Horticulture,* 106: 1-11.

Radha, T. K., Ganeshamurthy, A. N., Mitra, D., Sharma, K., Rupa, T.R., e Selvakumar, G. (2018). Viabilidade da substituição de Cocopeat por casca de arroz e composto de serragem como meio de viveiro para o cultivo de mudas de vegetais. *The Bioscan,* 13(2): 659-663.

Rahimi, Z., Aboutalebi, A. e Zakerin, A. 2013). Comparação de diferentes meios para a produção de transplante de pimentão. Revista Internacional de Investigação em Ciências Aplicadas e Básicas, 4(2): 307-310.

Rayker, M. (2020). Padronização da enxertia de brinjal (*Solanum melongena* l.) usando *Solanum torvum* e var. Konkan Prabha como porta-enxerto. Tese de Mestrado apresentada ao Dr. Balasaheb Sawant Konkan Krishi Vidyapeeth, Dapoli (Não publicada).

Razzak, H. A., Alkoaik. F., Rashwan, M., Fulleros, R. e Ibrahim, M. (2018). Composto de resíduos de tomate como substrato alternativo ao musgo de turfa para a produção de mudas de vegetais. *Journal of Plant Nutrition,* 42(3): 1-9.

Rivard, C. e Louws, F. (2016). Enxertia para a gestão de doenças transmitidas pelo solo na produção de tomates da variedade Heirloom. *HortScience, 43*(7): 2104-2111.

Unal, M. (2013). Efeito do meio orgânico no crescimento de mudas de vegetais. *Jornal paquistanês de pesquisa agrícola,* 50(3): 517-522.

Ziest, A. R., Resende J. T., Giacabbo, C. e Faria, C. M. (2017). Pegamento de enxerto de tomateiro em outras solanáceas. *Revista Caatinga,* 30(2): 513-520.

I want morebooks!

Buy your books fast and straightforward online - at one of world's fastest growing online book stores! Environmentally sound due to Print-on-Demand technologies.

Buy your books online at
www.morebooks.shop

Compre os seus livros mais rápido e diretamente na internet, em uma das livrarias on-line com o maior crescimento no mundo! Produção que protege o meio ambiente através das tecnologias de impressão sob demanda.

Compre os seus livros on-line em
www.morebooks.shop

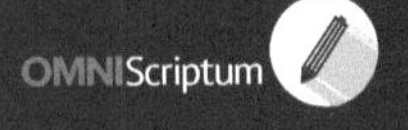

Printed by Books on Demand GmbH, Norderstedt / Germany